中华历代家训集成

明卷：非吾义，锱铢勿视

石孝义 编著

河海大学出版社
HOHAI UNIVERSITY PRESS
·南京·

图书在版编目（CIP）数据

中华历代家训集成．明卷 ： 非吾义，锱铢勿视 / 石孝义编著．-- 南京 ： 河海大学出版社，2021.5
ISBN 978-7-5630-6692-6

Ⅰ．①中… Ⅱ．①石… Ⅲ．①家庭道德－中国－明代
Ⅳ．① B823.1

中国版本图书馆 CIP 数据核字（2020）第 271912 号

丛 书 名 / **中华历代家训集成**
书　　名 / **明卷：非吾义，锱铢勿视**
MING JUAN:FEI WU YI, ZIZHU WU SHI
书　　号 / ISBN 978-7-5630-6692-6
责任编辑 / 毛积孝
特约编辑 / 李　路　张逸尘
特约校对 / 李国群
装帧设计 / 秦　强
出版发行 / 河海大学出版社
地　　址 / 南京市西康路 1 号（邮编：210098）
电　　话 /（025）83737852（总编室）
/（025）83722833（营销部）
经　　销 / 全国新华书店
印　　刷 / 三河市元兴印务有限公司
开　　本 / 660 毫米 ×960 毫米　1/16
印　　张 / 15.25
字　　数 / 184 千字
版　　次 / 2021 年 5 月第 1 版
印　　次 / 2021 年 5 月第 1 次印刷
定　　价 / 69.80 元

序

一

“家训”，也称“家令”“家诫”“家戒”，是古人对父母、祖上训诫子孙的一种尊称。学界认为，《商书·盘庚上》中的训辞是我国家训史上有文字记载的最早的一篇家训。但这时的“家训”二字的意义还比较模糊。较为清晰的家训形式的出现，应当说是西周的周公姬旦的《诫子伯禽》，这篇文字以“教子言行”的方式训诫其子伯禽谦虚谨慎、戒骄戒躁，实际上已经具备了家训最基本的元素。总的来说，先秦时期，家训还处于萌芽时期，这个时期的家训思想只是见于一些先秦古籍的记载中，没有出现独立成篇、有意为之的家训作品。在这些零散的记载中，尤其以帝王的庭训为最多，所以这一时期的家训形式带有极浓的国家政治色彩，“家”的概念还没有具体成型。

到了两汉时期，家训才慢慢地开始成型。“家训”一词最早出现于《后汉书·边让传》，蔡邕在向何进推举贤才边让时，说他“髫甝夙孤，不尽家训”。与“家训”同义的“诫子书”“家诫”一类的典籍形式主要也是在这一时期出现。据王长金考证，《艺文类聚》中引用《诫子书》《家诫》等有十多家，其中最早的有汉代刘向的《诫子歆书》，之后有张奂、司马徽、马援的《诫子书》等，“训”“诫”在当时已经作为独立的文体出现了。西周末年，国家分崩离析成大大小小的诸侯国、相互杀伐吞并，宗法制度崩坏，礼仪制度已无人遵循，这几百年间许多国家的存在如白驹过隙，匆匆而逝。这时，依靠血缘维系组成的社会最基本的“原子”——“家庭”“家族”，在乱世之中慢慢地凸显出来，并最终成为最坚固、最稳定的社会基本组成单位，并由此一直延续了几千年之久，成为华夏文明的一个突出的标志。林语堂在《吾国吾民》中说：“中国人只知有家不知有国。”这一语确实道破了中国社会的一个本质。此外，钱穆先生在《中国文化史导论》中对“家”的溯源是这样定义的：“中国古史上的王朝，便是由家族传袭。夏朝王统，传袭了四百多年，商朝王统传袭了五六百年。夏朝王统是父子相传的，商朝王统是兄弟相及的。”这表明中国古代的政治统治体系是“家”“国”合一的“家天下”式的，其中“国”是“家”在政治领域上的扩大和延伸，“家”是“国”的社会基本细胞。这是从正、反两个方向定义了“家”与“国”的关系。不管怎样，“家”是几千来年中国社会最稳固、连续、绵长的一个“原子”。钱穆认为“家族是中国文化一个最主要的柱石”，他甚至说：“中国文化全部都从家族观念上筑起。先有家族观念乃有人道观念，先有人道观念乃有其他的一切。”再通俗一些讲，即儒家经典《大学》中提到的“古之欲明明德于天下者，先治其国；欲治其国者，先齐其家；欲齐其家者，先修其身；欲修其身者，先正其心”，也就是后世被奉为儒家经典八条目的“格物、致知、正心、诚意、修身、齐家、治国、平天下”的儒家修学次第。正是由此，从汉代将儒学奉为正统之后，中华文脉之中“齐家”的思想也逐渐成为一个坚定的符号存在下去，而如何齐其家，怎样使家齐，便也成了日后士大夫，隋唐之后儒生，再之后所有有责任心、使命感的国人一项坚定的使命，于是维系家族的昌盛，使家族源远流长，也便成了家训的一个清晰的目标与责任。

两汉时期的家训篇幅还比较短小，如刘邦《手敕太子》，全文不过两三百字，东方朔《诫子书》也只有百余字而已。但这时的家训明显已由先秦时期士大夫阶层对“国”的关注过渡到对“家”及“人”的关注，而且中心观点已逐渐清晰起来：一是为人处世，一是齐家守业。尤其是士大夫阶层的“整齐门内，提斯子孙”的思想更是凸显。比较典型的是司马谈的《命子迁》、马援的《诫兄子严敦书》。这里值得关注的是班昭的《女诫》，这部家训虽说只有两千零五十八个字，但在当时已属“鸿篇巨著”，而且体例完备，全书分卑弱、夫妇、敬慎、妇行、专心、曲从和叔妹七篇，卷首有自序。这部家训在当时已趋向于专著的模式，此外这部家训也是中国家训史上第一部针对女性书写的家训。除此之外，还有郑玄的《戒子益恩书》，这篇家书虽说只是一封家书，内容并不深刻，但作为儒学大家的郑玄，他的“介入”，无疑是将儒家的思想精华带入了家训之中，由此影响了后世儒生，并牢牢地将家训的形式、内容与儒家的思想紧紧相连。总的来说，汉代家训文章篇幅短小，主要采用的形式有家书、遗令或遗书等，在表达上情真意切、通俗易懂。汉代家训在家训史上属于一个发展的时期。

到魏晋南北朝时期，在数量上较之汉代有了突飞猛进的增加。据相关统计，这时期家训作品达二百多篇，无论是内容还是文体都开始趋于成熟，而且呈现百花齐放的态势。像以家书形式出现的家训有：王脩的《诫子书》、羊祜的《诫子书》等；以遗令、遗嘱形式出现的家训有：曹操的《遗令》、刘备的《遗诏敕后主》、向朗的《诫子遗言》等；以歌咏形式出现的家训有：傅昭的《处世悬镜》等。而在思想内容上，两汉时期“以儒家思想观念作为立身处世原则，以儒家重要经典作为理论依据，以圣贤作为道德典范与行为楷模”的单一、简短的思想内容已经向多角度、广深度的内容发展，如在体裁上具有散文性质的颜延之的《庭诰》、嵇康的《家诫》等家训的出现，使之前的理性、坚硬的文体形式具有了感性、柔软的一面。这两篇作品的写作背景极其相似，嵇康的《家诫》是在他被绑赴法场前写给儿子的肺腑之言；《庭诰》则是颜延之在二次免官之后，居住在建康（今南京）长干里颜家巷时内心郁积时而作。这二人都是放诞任达、龙性难驯的性格，都不甘与浊世同流合污，然而又深知世道的险恶，生活当中随处潜伏着杀机，所以他们不希望子弟学他们的模样，成为狂狷之人，所以作此家训以警示后人。所以说，此时的家训内容已由先秦、两汉时期相对模糊、率性、随意的写作状态进到了“自觉”的写作状态，这时的家训更为丰富、深刻，也充分地说明了家训发展至此，有了从内容到文体、从思想到形式的全面发展。这样也是为魏晋后期北齐颜之推的《颜氏家训》的出现奠定了思想与内容上的基础。《颜氏家训》被称为“家训之祖”，全书共有七卷，分为二十类，包括修身、齐家、治学、为人、处事、任官之道等方面的内容。其思想以儒家为宗，体例夹叙夹议，其训诫对象亦不仅限于一人一事，而是针对全家及后世子孙而言。由于《颜氏家训》的内容广泛、体例完备、思想深远，这些都远超此前的历代家训，所以对后世的影响极为深远。此外，这一时期比较著名的还有诸葛亮的两篇家书《诫子书》《诫外甥书》，这两篇家书，不仅展现出了家训内容的深刻，也折射出作者高尚而儒雅的文人气质，更是诞生了若干千古名句，像“静以修身，俭以养德”“非澹泊无以明志，非宁静无以致远”。

另外，魏晋南北朝时期的家训还有一个独特的产生背景。这个时期是我国历史上大震荡和大裂变的时期，动荡与杀戮几乎充斥了整个魏晋南北朝时期。许多有识之士从自身的经历和感受出发，立足于“保宗兴族，不辱先祖”的目的而对后代、族人提出各自的训诫，这也是这一时期家训产生的一个重要原因。此外，在选官机制上，这时期仍然注重道德与操行的选拔，一些世家大族为提高家族在政权中的影响和地位，一些普通家族为步入仕宦通途，都力图保持仁、义、忠、孝的美誉。于是他们将这些诉诸文字，以较为通俗易懂的方式，或作书、或书诫、或为训，以此教谕子孙后代，规范他们的思想和行为。其次，就深层原因看，魏晋南北朝已进入我国古代家族文化建设的相对自觉阶段。所以，建设家族文化，增强家族凝聚力，越发显得必要和迫切。人们在保全门户观念的规约下，主动地以儒家文化价值观念为依托，整合现实的社会价值观念，施教于门户之内，自觉地进行家族文化建设。正如钱穆先生所说："当时门第观念的共同理想，所期望门第中人，上自贤父兄，下至佳子弟，不外两大要目：一则希望其能具孝友之内行；一则希望其能有经籍文史学业之修养……其前一项之表现则成为家风，后项之表现则成为家学。"所以家风作为这一时期家族文化建设的一大内容，直接促成了家训数量的猛增。而这一时期，一些比较有代表性的家训作品大都出自这些门阀大族中的精英子弟之手。如出自"琅邪王氏"家族的王祥、王僧虔，出自"太原王氏"家族的王昶，出自汉魏名门士族的羊祜，出自"顺阳范氏"家族的范晔，出自"弘农杨氏"家族的杨椿等。这不能不说，魏晋南北朝时期，士族精英子弟在有关家族文化建设上的主动性与奉献精神较之各代更为鲜明而无私，期望也更为迫切，所以这时期的家训作品也较之前代更具有深刻性与普遍性。

唐代，是我国封建社会政治、经济、文化高度发展的时期，它结束了从魏晋南北朝以来的连年战争，重新完成了大一统的局面。这时士族阶层也发生了变化，由于科举制度的兴起，选才制度的更新，从此士族阶层不再独占文化上的优势，并将文化逐渐传递给了社会其他各阶层，而家训在此之前因为历经千余年，已经有了极其丰富的积累，所以到了唐代，家训的创作便呈现出日益完备日趋成熟的特色。尤其是儒家纲常伦理思想更是通过各种途径深入家庭、宗族之中。在内容上也随着家训观念的成熟而臻于完善，而其中教诫的内容更是多方面的，并不像魏晋、六朝时期专注于某一个或两个具体的问题。唐代家训的内容可以说涉及人生与社会的各个领域，几乎无不涉及，如：日常的洒扫庭院、应对进退、待人接物、爱亲敬长、尊师重道、衣冠服饰、言行步履、读书作文、修身齐家，以至治国平天下。

关于唐代家训的主核是否依然传承自汉代以来“儒家学说”一以贯之的局面，学术界曾有过不同的声音，国学大师梁启超就曾说过：“六朝隋唐数百年中志高行洁、学渊识拔之士，悉相率而入于佛教之范围。”学术界或许如此，但从唐代家训的考察中发现，家训的思想内容却并非如此，这一时期几乎所有家训的篇章依旧深深浸润着儒家的伦理道德观念。首先从士大夫阶层来说，像李翱的《寄从弟正辞书》、李华的《与外孙崔氏二孩书》、柳玭的《柳氏家书》，这些家训作品中或明或暗地都传递着儒家的伦理思想。出自社会底层的《太公家教》也是如此。而来自统治阶层的代表，像李世民的《帝范》、李治的《诫滕王元婴书》，也无不以儒家的思想为基础进行有的放矢的阐发。而产生这样结果的原因，其中最重要的一条无疑是如学者刘宏斌所说的，“隋唐以后的科举考试把这种尊一罢百的局面推向顶峰，使家庭教育的内容成为彻头彻尾的儒学说教”。另外，家训最基本的功能就是伦理的教化功能，它所要达到的目标就是家族子弟通过道德等方面的修养而达到个人的自律和家庭的和睦。只有个人修养和个人道德行为自觉程度的提高，才能更好地调适个人与他人、个人与社会之间的关系；只有家风的整齐和家庭成员各种关系的和谐，才能实现社会各个细胞组织的和谐有序发展，以此为社会的整体平衡与稳定发展提供条件。而这一目标无论于国于家来说都是符合他们的利益要求的，所以对于家族的治乱与国家的兴衰来说，这是一而二、二而一的事，而家训便自然而然地承载了儒家的入世思想的内核，所以上至皇族，中至士大夫，下至贫民，儒家的伦理观成为他们共同遵循的思想观念。

这时期比较有名的家训作品有：柳玭的《柳氏家书》、李恕的《诫子拾遗》和另一位女性作者宋若莘创作的《女论语》。还有一部极具黑色幽默趣味的家训，值得一提，那便是于义方的《黑心符》。这篇揭露批评家庭主妇“暴虐、乱道”的家训，可以说是家训中的另类。此外唐代家训中还有两篇特例作品需要介绍一下，这两篇家训都是中国古代家训中的名篇，同时作品也都吻合了盛唐大气磅礴的气势，而独特之处在于它们摆脱了自先秦以来家训主题谆谆于修身的叮咛，而另辟蹊径，一个是教儿子如何做皇帝，一个是教儿子如何做宰相，这两篇作品便是唐太宗李世民的《帝范》和唐中宗时宰相苏瓌的《中枢龟镜》。《帝范》一书共分十二篇，另有《序》和《跋》。在《序》中唐太宗讲述了自己这篇文章的创作动机，是太子李治因年幼“未辨君臣之礼节，不知稼穑之艰难”，自己“每思此为忧”,“所以披镜前踪，博览史籍，聚其要言以为近诫云耳”。作为我国历史上第一部系统化的帝王家训，《帝范》对后世影响很大，不但为历代有识之君所关注，也为普通士子所欣赏。而《中枢龟镜》这部家训是唐中宗时期宰相苏瓌在相位时，认为自己的儿子苏颋颇有宰相之才，所以他处处以宰相的标准对儿子加以培养，并结合自己的为政经验，前后编选出二十七条训诫加以警示。内中阐述为官的道德原则，传授仕宦的哲学，曲折地反映了当时官场的复杂现实。所以这部作品极为后世的官宦所青睐，尤其是到了宋代，一时朝中高官相互传抄，被定义为“宰相事业之书”，这在中国古代家训大观中也属独特的一类。与盛唐气象相对应，唐代家训的成熟还体现在文体结构上，较之汉魏六朝更为庞大，内容更为丰富。如李华的《与外孙崔氏二孩书》，文章虽不长，但却涉及遵家礼、勉学、谨行、顺亲等诸多方面的内容，这在汉魏六朝时期篇幅相当的家书中是相当少见的。而唐代像这样的家书还不在少数，如舒元舆的《贻诸弟砥石命并铭》、元稹的《诲侄等书》、李翱的《寄从弟正辞书》等，均可谓长篇的架构，由此可以看出唐代家训作者在家训观念上比汉魏、六朝时期的家训作者要更清晰，不再只就事论事，而是以多角度、多方面的视角对子孙阐述各种道理。

我国传统家训发轫于先秦，发展于汉魏六朝，成熟于隋唐，真正步入繁荣鼎盛时期是宋元明清时期。这一时期的家训数量空前，单据《中国丛书综录》所列的“家训”书目，就有几百种，而宋元明清几代竟然占了五分之四。回顾家训史的发展，我们发现，先秦时期的家训在思想内容上虽然面面俱到，但大都是一笔带过，没能充分展开。而到了汉魏六朝时期，那时的家训在思想内容上虽然较先秦时期要具体得多，但也仅仅停留在“治人”方面，至于“治家”，则较少涉及。到了唐代，这时期的家训在思想内容上不但重视“治人”，而且兼顾到了“治家”，但所论还比较单一，不够全面。到了宋元明清时期，则上述两个方面都得到了充分的发展，其中尤以“治家”方面更为突出，不仅出现了诸如《恒产琐言》《居家正本制用篇》《经锄堂杂志》等专门讨论居家理财类的专著，而且还出现了诸如《居家杂仪》《家礼》《郑氏规范》《家规辑略》及家谱中的家训等专谈家规、家仪类的专著或专篇，使我国传统家训的“治家”思想最终得以完善。另外，家训形式更加多样，家训专著大量涌现，蔚为盛观。专著产生了多种新体式，如家训集、家规、家仪、家书集、家训诗集等等，且各种书写形式也更加系统专业。其中，以专著形式出现的家训有：叶梦得的《石林家训》、陆游的《放翁家训》、范仲淹的《家训》、司马光的《家范》、袁采的《袁氏世范》、赵鼎的《家训笔录》、刘清之的《诫子通录》等，以书、信、铭、文、帖、诗歌的形式出现的家训有：苏洵的《安乐铭》、胡安国的《与子寅书》、朱熹的《与长子受之》、陈定宇的《陈定宇示子帖》、方孝孺的《幼仪杂箴》等。此外这个时期的家训作者中，出现了一种世代相袭，父子、子孙相继的家训创作局面，如宋代的范仲淹、范纯仁父子，元代的郑太和及其子嗣，明代袁黄一族，清代张英、张廷玉父子等，都有出色的家训传世。

宋元明清时期的家训在内容上还有区别于前代的一个突出特征，便是从劝勉为主的家训形式开始向惩戒方向发展。其中比较早的应该是范仲淹的《义庄规矩》、郑太和的《郑氏规范》、曹端的《家规辑略》，他们开始将“家法”“族规”一类的惩戒性的条例注入其中，使我国的传统家训自宋代以后逐渐走出了个人垄断时代，即由贵族家训时代转向了平民家训时代。因为，这类家训作品大多保存在当时家族的谍谱之中，而自宋代之后家族修订家谱的宗旨又发生了变化，家谱的形式变得更加丰富。在一部谍谱之中，除了记载有全家族的血缘关系图表、祠堂、族田、祖茔以及对家族历史相关的描述外，还有“全文刊载本族有史以来制订的各种家法族规、家训家范、祖宗训诫子孙的言论等”的文章，而将此类家规族训载入家谱的用意是便于读谱时向子孙宣讲，要求族人永远恪守，并使族长能依据此类家法来惩罚不服统治的族众。这样，随着家族的繁衍，大量的族规、训诫类的文字便流传下来，成了我国古代家训文献中庞大的一部分。据相关统计，中国现存家谱族谱光是中国内地就有28500余种，加上中国台湾、中国香港、日本和美国，共约42990种。当然，宋元之后家训因为搭乘了家谱这一载体，使家训这一超越个体的“贵族专用”文体“走入了寻常百姓家”，但数量的庞大并不代表质量的提升，在这类家训之中，训诫文字虽各族不同、名各有异，但其内容却基本千篇一律，一般都是讲诸如重纲常、祭先祖、孝父母、友兄弟、敬长上、睦邻里、严家法、节财用、戒恶癖、尚美德等事项的，其区别仅在于条款不齐、详略有差而已。这基本是在模仿，甚至抄袭。在上述提到的若干作品中也有类似的情况。所以说，宋元明清时期的家训作品在普及性之外真正的上乘作品还是主要产生于士大夫阶层的精英人群之中。

另外在宋元明清时期，家训的体例中还出现了一种叫“俗训”和“乡约”的形式，它所面向的对象不再是自己家庭或家族中的子弟，而是转向了整个社会。例如流传甚广的《袁氏世范》这部家训专著，貌似一部体例标准的家庭训诫，但实际情况是，这部书是作者袁采在担任乐清县令时为“厚人伦而美习俗”而专门撰定的，书名原题名为《训俗》。此外，在清人陈宏谋编著的《五种遗规》中，将《司马温公居家杂仪》《倪文节公经锄堂杂志》《朱柏庐劝言》等家训名篇合编在了《训俗遗规》中，这说明在陈宏谋的心中这些家训本身也具有训俗的功用。除《袁氏世范》外，其他比较著名的俗训类家训文献还有吕祖谦的《少仪外传》、吕本中的《童蒙训》、王结的《善俗要义》、吕得胜的《小儿语》、吕坤的《续小儿语》等。

此外，宋元以后统治阶层普世观增强，家训内容由最初只对皇家子弟的教诫，转变为在家训中注入化导天下思想的内容。如宋太宗的《戒皇属》、清世宗的《庭训格言》等帝训之作外，还有明仁孝文皇后撰写的《内训》。另外，这一时期统治阶层更加注重家训作品的流传与宣化作用。如清初的孝庄皇后就曾命大学士傅以渐撰写女训之作《内则衍义》，清世宗曾命蒋廷锡等编著了大型类书《古今图书集成》，其中的《家范典》和《闺媛典》就是专门性的家训类图书的集合，这种现象是宋以前所没有的。

到了清末，传延了几千年的家训形式，在西方文明与列强的坚船利炮的轰击下，也发生了变化。这时期的代表是晚清的一些洋务派，如林则徐、曾国藩、张之洞等人。他们将一些新的思想与灵活多变的生活态度融入其中，对子孙或是劝诫，或是勉励，但他们依旧坚守着儒家的伦理纲常与济世修身之道。

二

绵延了几千年的中国家训史，实际上就是一部华夏先人塑造中华民族理想人格的创造史。我们在浩如烟海的训诫、劝勉、箴规、铭文、书信、法约中，发现中华民族的理想人格实际早已悄然存于其中，只不过是以一种支离破碎的、若隐若现的方式存在。其内在的思想内容大致可分为以下几点：

孝养双亲。中华民族是一个讲究孝道的民族，“孝”之一字，几乎贯穿在每一篇家训之中。“且夫孝，始于事亲，中于事君，终于立身。”（司马谈《命子迁》）“孝敬则宗族安之，仁义则乡党重之。”（王昶《家戒》）由此可见，在古代以“修身、治国、齐家、平天下”的人生理想信念之下，其中枢是家与国，而在古代统治阶级来看，无论是家还是国，支撑其发展兴盛的基本信条是“孝”，因为不能孝亲而能忠君是不可能的，所以历代统治者都是大肆鼓吹以“孝”治天下，并由此将尽孝抬升至了精神信仰的高度，甚至凌驾于法律之上。

勤俭持家。齐家即治家，而治家的根本，古人认为就是勤劳与俭朴。遍观历代的家训，不论是官宦还是寒门，这四个字始终作为长者对子孙的谆谆教诲。“勤是无价之宝，学是明目神珠。”（佚名《太公家教》）“七诫我儿莫好奢，闲居勤俭度年华。”（黄峭《黄氏峭山公训子诗》）清代官吏、学者许汝霖《德星堂家订》针对当时的奢靡之风，分别规定了“宴会”“衣服”“嫁娶”“凶丧”“安葬”“祭祀”几个方面的礼节及标准。司马光认为治家之道应“制财用之节，量入以为出……裁省冗费，禁止奢华”（《居家杂仪》）。勤与俭，在古人的思想中，与释、道的“福报”观紧密相连，古人认为每个人“生之为人”一生的“福报”是一定的，消费完了就消失了，所以平时要以“俭”来惜福，而勤则是创造福报的源泉，只有勤劳才会增加福报，并使之源源不绝。

矜惜名节。重名声，讲节操，倡导良好的家风，这是古代家训的一个鲜明特征。颜之推的《颜氏家训》开篇中述及写作家训的目的时，就谈到他家夙重家风的事，他说“吾家风教，素为整密”。尽管时代不同，门第、家境各异，但其基本内容无外乎要家人清白做人，自立自重，忠君爱国，宽柔慈厚等等。罗伦在《戒族人书》中说：“谓有好名节，与日月争光，与山岳争高，与霄根争久，足以安国家，足以风四夷，足以奠苍生，足以垂后世。如汴宋欧阳修，如南渡之文丞相者是也。”有了一个好的名节，古人认为便可以与日月争光了，足以名垂后世，历代都把欧阳修、文天祥作为榜样楷模，足以见证这一点。

慎重交友。社会就像是一个大染坊，古今一同。“近朱者赤，近墨者黑”，所以，“与善人居，如入芝兰之室，久而与之俱化。与不善人居，如入鲍鱼之肆，久而不闻其臭矣”（王结《善俗要义》）。至于慎重交友，朱熹在《与长子受之》中就告诫儿子要交“敦厚忠信，能攻吾过”的“益友”，而不要交“谄谀轻薄，傲慢亵狎，导人为恶”的“损友”。不妄交友，便成了一种积极的保身避祸的手段。

谨言讷行。中国经历了漫长的两千余年的封建时代，君即是法，官即是律；强权政治，豪强府衙，构成了当时社会的普遍的黑暗与不平。而在这样的社会背景下，如何能保全自身？这种思维造就了中国古代文化的两条强有力的支脉——道家的无为避世，儒家的无为而为。实际上这些都是一种时代的无奈。而落实到现实当中，对于无权无钱的平民百姓，只有谨言慎行才可能生存下来、保护自己，久之便成了一种生存的智慧。明仁孝文皇后在《内训》中便这样叮嘱后代："修身莫切于谨言行，故次之以'慎言''谨行'。"一国之母尚且如此，一个平头百姓就更可想而知了。因而许多家训都一再叮嘱家人、子弟要谦恭谨慎，宽厚待人。张履祥说："子孙以忠信谨慎为先，切戒狷薄。不可顾目前之利而妄他日之害，不可用一时之势而贻数世之忧。"（《杨园先生全集·训子语》）真可谓经验之谈。

清廉自律。在历代的家训中很多都是从政为官者所写，所以在涉及为官之道时，便留下了诸如陶侃母"封鲊教子"之类诫子勿贪的感人故事。赵鼎《家训笔录》认为"凡在士宦，以廉勤为本"。对贪官疾恶如仇的包拯，在家训中甚至说"后世子孙仕官有犯赃滥者，不得放归本家，亡殁之后，不得葬于大茔之中"，并要人将此训刻在石上，以诏后世。

励志勉学。在家训中还有一部分是激励子弟勤奋学习，树立远大的志向、最终成就大器的家训。诸葛亮的《诫子书》在谈到志与学的辩证关系时说："非学无以广才，非志无以成学。"王守仁更是把立志当成是"培根"之学来加以重视，他在《立志说》中强调："学莫先于立志，志之不立，犹不种其根，而徒事培拥灌溉，劳苦无成。”此外还有一些家训的作者以自己的经验教训向子弟传授治学方法，培养他们从小立志勤奋好学。这其中较有名的如《颜氏家训》、叶梦得的《石林家训》、曾国藩的家书等等。

这七点品格在浩瀚的家训篇章中，只是几条主脉，有关家训传递出来的品格塑造还有许多，像持家中正、奉公无私、勤政爱民、善待乡里、体恤仆役、救危济困、淡泊功利……几千年来，这无数篇父与子、叔与侄、母与子、先祖对后辈的谆谆教诲之言，涉及了为人处事的方方面面，从一条血脉相连的亲情中传递出一种殷殷爱怜之心。久之，这条血脉凝成的训诫之舟终于造就出一方带有浓郁华夏文明标志的文化符号，影响着一代代家族的成长，激励或劝诫着一个个鲜明个体的健康成长。今天我们撷取其中的一部分，只是希望这朵盛开了几千年的华夏文化奇葩更加艳丽芬芳。

三

陈宏谋在《教女遗规序》中说：“天下无不可教之人，亦无可以不教之人。”从周至清，正是在无数像陈宏谋这样悲天悯人、兼爱济世的贤儒之士的推动下，才涌现出了无数放眼于子孙与家族的发展，将自己的人生阅历或读书心得凝聚于笔端的家训作品。陈宏谋当年在编著《五种遗规》时，有人不解他为什么将大量的时间都投入到了这件烦琐而枯燥的工作中，而陈宏谋却说：他们不知道，这才是真正值得做、有利于子孙千秋万代的一件有意义的事。在儒家的人生追求中，当命运遭遇“不达”时，往往会做两件事：一件是闭门著书，一件便是开门授徒。翻开宋元、明清学案，这样的例子比比皆是。甚至是荣禄在身的王阳明亦将自己的一半精力投入到了讲学上。“为天地立心，为生民立命，为往圣继绝学，为万世开太平！”宋儒张载的这段话无疑说出了千古儒家学人的一份责任与担当，他们认为人生最大的意义便是承担文化的传承与现实的移风易俗。

翻开一篇篇古代家训，这其中充分彰显着传承与移俗这两个鲜明的主题。我们看到历经千年，家训的著作者们，无论官商还是布衣，他们不厌其烦地叮咛子孙要勤奋读书，因为书中有他们希冀子孙承继的理想人格蕴含其中。明代著名谏臣杨继盛，在行刑前夜写给家人的书信中，没有一丝一毫对自身的顾念与恐惧，而是不住地叮嘱儿子如何做人，做一个怎样的人。希圣希贤，是儒家每一个读书人极力向往的一件事情。他们渴望能以身载道，成为一个完美的道德楷模。在他们眼里，名节操守要高于功名利禄，甚至是生命，正所谓“饿死事小，失节事大”。而移风易俗，是儒家弟子又一份难以推卸的责任。从家训中我们看到，历代读书人一直顽固地捍卫着儒家血统的清纯，他们在思想上排斥佛老、风水、卜筮等邪说，甚至是民风习俗也要加以矫正。在言行举止上他们全力惩息“人欲”，将一切带有私心的行为甚至是心念都剪除得干干净净。对待自己如此，对待子孙也是如此。在家训中我们看到，他们总是不厌其烦地对子孙进行着关于身行的诸多方面的规劝，并苦口婆心地勉励子弟做一个圣贤，以此光耀家族，并使家族能在历史的沉淘中尽量延续得更久远。这便是他们的苦心所在。几千年来，当这一篇篇凝结着百千先祖殷殷希望的训诫集结起来后，我们却发现它早已转化成了中华民族的一份文化遗产存留下来。这或许便是古人的初衷，也是我编著这套《中华历代家训集成》的初衷。

石孝义

2017 年 4 月 10 日于金德园、津门里完成初稿

2019 年 9 月 27 日于俟庐改毕

目录

内训

徐皇后

导读

《内训》为“女四书”之一，由明代仁孝皇后徐氏编纂而成。

徐皇后博学好文，知书达理。待人处事体贴谨慎，深受明太祖及马皇后赞许。此外她对女子的教育尤其重视，于是结合历代有关女子教育的著述及孝慈高皇后的有关言论，著成《内训》二十篇，内容涉及德性、修身、谨言、慎行等诸多方面，比较全面地阐述了封建社会妇女特别是宫廷妇女应遵守的道德规范。如《景贤范章》要求妇女熟读经史，以历代贤女为榜样，以成美德。《事君章》强调妇人不干政、不专宠，辅君王以道。她认为：“妇人之事君，……忠诚以为本，礼义以为防，勤俭以率下，慈和以处众。诵诗读书，不忘规谏。寝兴夙夜，惟职爱君。”《慈幼章》则要求妇人以慈率下，如此则上慈而下孝。《待外戚章》则要求对外戚严加约束，勿使之干政。指出：“知几者见于未萌，禁微者谨于抑末。自昔之待外戚，鲜不由于始纵而终难制也。”

作者简介

明仁孝文皇后（1362—1407），徐氏，明成祖朱棣的皇后，濠州（今安徽省凤阳县）人，为明开国功臣徐达的嫡长女，母为谢氏（谢再兴次女），洪武九年（1376）正月二十七日被册封为燕王妃，建文四年（1402）十一月十三日被册立为皇后，永乐五年（1407）七月在南京去世，终年46岁。永乐十一年（1413）二月葬于长陵。

史称其“奉祭礼尽诚敬，事上恭谨不懈，晨夕与皇太子诸王言惟孝亲恤民，与妃嫔以下言惟恭敬和睦，与亲戚言惟奉法循理。闻外家稍有纵肆，召至责之；有谦慎者，时加赐赉为劝”。

吾幼承父母之教，诵《诗》《书》之典，职谨女事[1]。蒙先人积善余庆，夙被妃庭之选[2]，事我孝慈高皇后，朝夕侍朝。高皇后教诸子妇礼法惟谨，吾恭奉仪范，日聆教言，祇敬佩服，不敢有违。肃事[3]今皇上三十余年，一遵先志，以行政教。

吾思备位[4]中宫，愧德弗似，歉于率下[5]，无以佐皇上内治之美，以忝[6]高皇后之训。常观史传，求古贤妇贞女，虽称德性之懿[7]，亦未有不由于教而成者。然古者教必有方，男子八岁而入小学，女子十年而听姆教[8]。小学之书无传，晦庵朱子[9]爰[10]编缉成书，为小学之教者，始有所入。独女教未有全书，世惟取范晔《后汉书》、曹大家《女戒》为训，恒病其略。有所谓《女宪》《女则》，皆徒有其名耳。

近世始有女教之书盛行，大要撮[11]《曲礼》《内则》之言与《周南》

《召南》诗之小序及传记而为之者。仰惟我高皇后教训之言，卓越往昔，足以垂[12]法万世，吾耳熟而心藏之，乃于永乐二年冬，用述高皇后之教以广之，为《内训》二十篇，以教宫壶[13]。

夫人之所以克圣者，莫严于养其德性，以修其身，故首之以“德性”，而次之以“修身”；而修身莫切于谨言行，故次之以“慎言”“谨行”；推而至于“勤励”“警戒”，而又次之以“节俭”。人之所以获久长之庆者，莫加于积善；所以无过者，莫加于迁善，又次之以“积善”“迁善”。之数者，皆身之要[14]，而所以取法者，则必守我高皇后之教也，故继之以“崇圣训”。远而取法于古，故次之以“景贤范”。上而至于“事父母”“事君”“事舅姑”“奉祭祀”，又推而至于“母仪”“睦亲”“慈幼”“逮下”，而终之于“待外戚”。顾以言辞浅陋，不足以发扬深旨，而其条目亦粗备矣。观者于此不必泥于言，而但取于意，其于治内之道，或有裨于万一云。

永乐三年正月望日序

注释

[1] 职谨女事：小心谨慎地做女人该做的事。

[2] 夙被妃庭之选：很小就被选入后宫成为妃子。夙，早。

[3] 肃事：恭敬地事奉。

[4] 备位：为官之人的自谦之词，意为愧居其位，不过聊以充数罢了。中宫，皇后居住的地方。

[5] 愧德弗似，歉于率下：为自己的德行还有做得不到位的地方感到惭愧，

不能很好地为属下做出表率。

[6] 忝（tiǎn）：一般用作谦辞，有愧于。

[7] 懿（yì）：美好。

[8] 姆教：女师传授妇道于女子。

[9] 晦庵朱子：宋代著名理学家朱熹。

[10] 爰：于是。

[11] 撮：取，摘取。

[12] 垂（chuí）：意同“垂”。

[13] 宫壸：同宫闱，指帝王的后宫。

[14] 之数者，皆身之要：这几件事，都是修身的关键。

德性章第一

贞静幽闲，端庄诚一，女子之德性也。孝敬仁明，慈和柔顺[1]，德性备矣。夫德性原于所禀，而化成于习，匪[2]由外至，实本于身。

古之贞女，理性情，治心术，崇道德，故能配君子以成其教。是故仁以居之，义以行之，智以烛之[3]，信以守之，礼以体之。匪礼勿履，匪义勿由[4]。动必由道，言必由信。匪言而言，则厉阶[5]成焉；匪礼而动，则邪僻[6]形焉。阈以限言[7]，玉以节动，礼以制心，道以制欲，养其德性，所以饬身[8]，可不慎欤！

无损于性者，乃可以养德；无累于德者，乃可以成性。积过由小，害德为大。故大厦倾颓，基址弗固也；己身不饬，德性有亏也。美璞无瑕，可为至宝；贞女纯德，可配京室。检身制度，足为母仪。勤俭不妒，足法闺阃[9]。

若夫骄盈嫉忌，肆意适情，以病其德性，斯亦无所取矣。古语云：“处身造宅，黼身建德。[10]”《诗》云：“俾尔弥尔性，纯嘏尔常矣。[11]”

注释

[1] 贞静幽闲，端庄诚一：贞固、沉静，幽寂、娴雅，端正、庄重，诚实、纯一，这是女子德性内在的八点表现。孝敬仁明，慈和柔顺：孝亲、敬养、仁爱、明察、慈淑、和睦、温柔、恭顺，这是女子德性外在的八点表现。

[2] 匪：不。

[3] 烛之：洞悉、观察事物。

[4] 匪礼勿履，匪义勿由：礼仪之外的事情不要去做，道义之外的事不要任其发展。匪，通“非”。

[5] 厉阶：祸端。

[6] 邪僻：乖谬不正。

[7] 阈（yù）以限言：说话时应该有个限度。阈，界限。

[8] 饬（chì）身：整饬自身，使自己的思想言行合乎礼仪。

[9] 闺阃：专指闺房。

[10] 处身造宅，黼（fú）身建德：身体要有所安顿，就要建造房屋；要想将官做好，就必须修养德行。黼，古代礼服上绣的黑白相间如斧形的花纹，此处指官服。

[11] 俾尔弥尔性，纯嘏（gǔ）尔常矣：假使你能够弥补自己性情中的缺点，那么享受大的福分对你来说就是平常的事了。纯嘏：纯，大；嘏，福。

修身章第二

或曰："太任[1]目不视恶色，耳不听淫声，口不出傲言。若是者，修身之道乎？"曰："然。古之道也。"夫目视恶色则中眩[2]焉，耳听淫声则内褫[3]焉，口出傲言则骄心侈焉[4]，是皆身之害也。故妇人居必以正，所以防慝[5]也；行必无陂[6]，所以成德也。

是故五彩盛服，不足以为身华；贞顺率道，乃可以进妇德。不修其身，以爽[7]厥[8]德，斯为邪矣。谚有之曰："治秽养苗，无使莠[9]骄；划[10]荆剪棘，无使途塞。"是以修身所以成其德者也。

夫身不修，则德不立，德不立而能成化于家者，盖寡焉，而况于天下乎？是故妇人者，从人者也。夫妇之道，刚柔之义也。昔者明王之所以谨婚姻之始者，重似续之道也。家之隆替，国之废兴，于斯系焉。于乎，闺门之内，修身之教，其勖[11]慎之哉！

注释

[1] 太任：人名，周季历的妃子，周文王的母亲。

[2] 眩：迷惑；迷乱。

[3] 褫（chǐ）：夺取；剥夺。

[4] 口出傲言则骄心侈焉：如果嘴里说出狂傲的言语，那么内心就会骄纵放肆。

[5] 慝（tè）：邪恶。

[6] 陂（pí）：通"彼"，邪佞。

[7] 爽：差错，败坏。

[8] 厥：其。

[9] 莠：俗名狗尾草。

[10] 刬（chǎn）：同“铲”，铲除，清除。

[11] 勖（xù）：勉励。

慎言章第三

妇教[1]有四，言居其一。心应万事，匪言曷[2]宣？言而中节，可以免悔。发不当理，祸必随之。谚曰：“訚訚謇謇[3]，匪石[4]可转；讻讻谖谖[5]，烈火燎原。”又曰：“口如扃[6]，言有恒；口如注，言无据。”甚矣！言之不可不慎也。

况妇人德性幽闲，言非所尚，多言多失，不如寡言。故《书》斥牝[7]鸡之晨，《诗》[8]有厉阶之刺，《礼》[9]严出梱[10]之戒。善于自持者，必于此而加慎焉，庶乎其可也。

然则慎之有道乎？曰：有，学南宫绍[11]可也。夫缄[12]口内修，重诺无尤，宁其心，定其志，和其气，守之以仁厚，持之以庄敬，质之以信义，一语一默，从容中道，以合乎坤静之体，则谗慝[13]不作，家道雍穆矣。

故女不矜[14]色，其行在德。无盐[15]虽陋，言用于齐而国安。孔子曰：“有德者必有言，有言者不必有德。”

注释

[1] 妇教：古时女子出嫁前要接受教育，主要包括妇德、妇言、妇容、妇功四方面内容。

[2] 曷：怎么，为什么。

[3] 訚訚（yín）謇謇（jiǎn）：訚訚，和颜悦色的样子。謇謇，正直之言。

[4] 匪石：比喻意志坚定。出自《诗·邶风·柏舟》："我心匪石，不可转也。"

[5] 訿訿（zǐ）譞譞（xuān）：多言而诋毁。訿訿，诋毁；非议。譞譞，多言。

[6] 扃（jiǒng）：关门。

[7] 牝（pìn）：雌性禽兽。

[8]《诗》：指《诗经》。

[9]《礼》：指《礼记》。

[10] 梱：门限，出自《礼·曲礼》上："外言不入于梱，内言不出于梱。"

[11] 南宫绍：人名，孔子弟子，字子容，鲁国人，据说其人谨于言。

[12] 缄：闭上。

[13] 谗慝：指诽谤造谣的言语。

[14] 矜：自大，自夸。

[15] 无盐：人名，齐宣王后，战国时人，原名钟离春，貌极丑，自谒齐宣王，陈四殆之义，宣王纳为后。后作丑女代称。

谨行章第四

甚哉！妇人之行不可以不谨也。自是者其行专，自矜者其行危，自欺者其行骄以污[1]。行专则纲常废，行危则嫉戾[2]兴，行骄以污则人道绝。有一于此，鲜克[3]终也。

夫干霄之木，本之深也；凌云之台，基之厚也；妇有令誉[4]，行之纯也。本深在乎栽培，基厚在乎积累，行纯在乎自力。不为纯行，则戚疏离焉，长幼紊[5]焉，贵贱淆[6]焉。是故欲成其大，当谨其微；纵于毫末，本大不伐。昧于冥冥，神鉴孔[7]明；百行一亏，终累全德。

体柔顺，率贞洁，服三从[8]之训，谨内外之别，勉之敬之，终始惟一，由是可以修家政，可以和上下，可以睦姻戚，而动无不协矣。《易》曰："恒其德贞，妇人吉。"此之谓也。

注释

[1] 骄以污：骄，自大。污，恶浊，不清洁。

[2] 戾：乖张，凶暴。

[3] 鲜克：鲜，少有。克，能够。

[4] 令誉：美好的声誉。

[5] 紊：乱。

[6] 淆：混杂，混淆。

[7] 孔：很，甚。

[8] 三从：儒家为妇女规定的封建道德教条，指未嫁从父，既嫁从夫，夫死从子。

勤励章第五

怠惰恣肆[1]，身之殃也；勤励不息，身之德也。是故农勤于耕，士勤于学，女勤于工。农惰则五谷不获，士惰则学问不成，女惰则机杼空乏。

古者后妃亲蚕[2]，躬以率下；庶人[3]之妻，皆衣其夫。效绩[4]有制，愆则有辟[5]。夫治丝执麻以供衣服，幂[6]酒浆、具菹醢[7]以供祭祀，女之职也。不勤其事，以废其功，何以辞辟？

夫早作晚休，可以无忧；缕积不息，可以成匹。戒之哉，毋荒宁！荒宁者，刿[8]身之廉刃也，虽不见其锋，阴为其所戕[9]矣。《诗》云："妇无公事，休其蚕织。"此怠惰之慝也。

于乎！贫贱不怠惰者易，富贵不怠惰者难。当勉其难，毋忽其易。

注释

[1] 恣肆：放肆无忌。

[2] 后妃亲蚕：古代后妃在皇帝举行亲耕仪式的同时，举行亲蚕仪式以示对纺织的重视。

[3] 庶人：百姓。

[4] 效绩：成效和功绩。《国语·鲁》下："男女效绩，愆则有辟，古之制也。"

[5] 愆（qiān）：过失；过错。辟：法度、法律。

[6] 幂（mì）：覆盖。

[7] 菹（zū）：腌菜。醢（hǎi）：肉酱。

[8] 刿（guì）：残杀；杀害。

[9] 戕（qiāng）：残杀、划伤。

警戒章第六

妇人之德，莫大乎端己；端己之要，莫重乎警戒。居富贵也，而恒惧乎骄盈；居贫贱也，而恒惧乎放失；居安宁也，而恒惧乎患难。奉卮[1]于手，若将倾焉；择地而旋，若将陷焉。

故一念之微，独处之际，不可不慎。谓无有见乎，能隐于天乎？谓无有知乎，不欺于心乎？故肃然警惕，恒存乎矩度；湛然[2]纯一，不干于非僻[3]。举动之际，如对舅姑[4]；闺房之间，如临师保。不惰于冥冥[5]，不矫于昭昭[6]，行之以诚，持之以久，隐显不贰。由是德宜于家族，行通于神明，而百福咸臻[7]矣。

夫念虑有常，动则无过；思患预防，所以远祸。不然，一息不戒，灾害攸萃[8]，累德终身，悔何追矣！是故鉴古之失，吾则得焉；惕厉未形，吾何尤焉？《诗》曰："相[9]在尔室，尚[10]不愧于屋漏[11]。"《礼》曰："戒慎乎其所不睹，恐惧乎其所不闻。"此之谓也。

注释

[1] 卮（zhī）：古代盛酒的器皿。

[2] 湛然：澄澈的样子。

[3] 僻：不正，邪僻。

[4] 舅姑：丈夫的父母，即公公与婆婆。

[5] 冥冥：晦暗，昏昧。

[6] 昭昭：明亮。

[7] 臻：至。

[8] 萃：聚集。

[9] 相：看。

[10] 尚：也许可以，表示希望或推测。

[11] 屋漏：房子的西北角。

节俭章第七

戒奢者，必先于节俭也。夫澹素[1]养性，奢靡伐[2]德。人率知之，而取舍不决焉。何也？志不能帅气，理不足御情，是以覆败者多矣。

《传》[3]曰："俭者，圣人之宝也。"又曰："俭，德之共也；侈，恶之大也。"若夫一缕之帛出工女之勤，一粒之食出农夫之劳，致之非易，而用之不节，暴殄天物[4]，无所顾惜，上率下承，靡然一轨[5]，孰[6]胜其敝哉！

夫锦绣华丽，不如布帛之温也；奇羞[7]美味，不若粝粢[8]之饱也。且五色坏目，五味昏智；饮清茹淡，祛疾延龄，得失损益，判然悬绝[9]矣。古之贤妃哲后深戒乎此，故絺绤无斁[10]，见美于《周诗》[11]；大练[12]粗疏，垂光于汉史。敦廉俭之风，绝侈丽之费，天下从化[13]，是以海内殷富，闾阎[14]足给焉。盖上以导下，内以表外，故后[15]

必敦节俭，以率六宫；诸侯之夫人，以至士、庶人之妻，皆敦节俭，以率其家。然后民无冻馁，礼义可兴，风化可纪焉。

或有问者曰："节俭有礼乎？"曰："'礼'与其奢也，宁俭。然有可约者焉，有可腆[16]者焉。"是故处己不可不俭，事亲不可不丰。

注释

[1] 澹素：淡泊质朴。

[2] 伐：攻打，败坏。

[3]《传》：指解释《春秋》的三传之一《左传》。

[4] 暴殄（tiǎn）天物：任意残害天生万物，后专指任意浪费。

[5] 一轨：一致；一样。

[6] 孰：谁。

[7] 羞：通"馐"，食物。

[8] 粝粢（lì zī）：粗粝的饭菜。

[9] 悬绝：相差极远。

[10] 絺绤（chī xì）：粗葛布。无斁：不厌弃。

[11]《周诗》：指《诗经》。

[12] 大练：粗帛。

[13] 从化：顺从感化。

[14] 闾（lǘ）阎：古代平民居住之地，也作平民的代称。

[15] 后：皇后。

[16] 腆：丰厚，丰盛。

积善章第八

吉凶灾祥，匪由天作；善恶之应，各以其类。善德攸[1]积，天降阴骘[2]。昔者成周[3]之先，世累忠厚。暨于文武[4]，伐暴救民，又有圣母贤妃，善德内助。故上天阴骘，福庆悠长。

我国家世积厚德，天命攸集。我太祖高皇帝顺天应人，除残削暴，救民水火；孝慈高皇后好生大德，助勤于内，故上天阴骘，奄[5]有天下，生民用乂[6]。天之阴骘，不爽于德，昭若明鉴。夫享福禄之报者，由积善之庆。妇人内助于国家，岂可以不积善哉！

古语云："积德成王，积怨成亡。"《荀子》曰："积土成山，风雨兴焉；积水成渊，蛟龙生焉；积善成德，神明自得。"自后妃至于士、庶人之妻，其必勉于积善，以成内助之美。

妇人善德：柔顺、贞静、温良、庄敬。乐乎和平，无乖戾也；存乎宽弘，无忌嫉也；敦乎仁慈，无残害也；执礼秉义，无纵越也；祗[7]率先训，无愆违[8]也。不厉人适己，不以欲戕物。以是而内助焉，积而不已，福禄萃焉。《易》曰："积善之家，必有余庆。"《书》曰："作善，降之百祥。"此之谓也。

注释

[1] 攸：语助词，无义。

[2] 阴骘（zhì）：意谓天默默地安定下民，后也称阴德为"阴骘"。

[3] 成周：指周王朝。

[4] 暨：及、到、至。

[5] 奄：覆盖、包括。

[6] 乂（yì）：治理，安定。

[7] 祗：恭敬。

[8] 愆违：丧失违背。

迁善章第九

人非上智，其孰无过？过而能知，可以为明；知而能改，可以跂[1]圣。小过不改，大恶形焉；小善能迁，大善成焉。

夫妇人之过无他，惰慢也，嫉妒也，邪僻也。惰慢则骄，孝敬衰焉；嫉妒则刻，灾害兴焉；邪僻则佚，节义颓焉。是数者，皆德之弊而身之殃。或有一焉，必去之如蟊螣[2]，远之如蜂虿[3]。蜂虿不远则螫身，蟊螣不去则伤稼，己过不改则累德[4]。

若夫以恶小而为之无恤[5]，则必败；以善小而忽之不为，则必覆。能行小善，大善攸基；戒于小恶，终无大戾。故谚有之曰：“屋漏迁居，路纡[6]改途。”《传》曰：“人谁无过？过而能改，善莫大焉。”

注释

[1] 跂（qǐ）：通“企”，踮起脚尖。

[2] 蟊螣（máo téng）：害虫名。

[3] 虿（chài）：蝎子一类的毒虫。

[4] 累德：损害品德。

[5] 恤：忧虑。

[6] 纡（yū）：屈曲；绕弯。

崇圣训章第十

自古国家肇基[1]，皆有内助之德垂范后世。夏商之初，涂山[2]、有莘[3]皆明教训之功；成周[4]之兴，文王后妃克[5]广《关雎》[6]之化。

我太祖高皇帝受命而兴，孝慈高皇后内助之功至隆至盛。盖以明圣之资，秉贞仁之德，博古今之务。艰难之初，则同勤开创；平治之际，则弘基风化。表壸[7]范于六宫，著母仪于天下。验之往哲[8]，允[9]莫与京[10]。譬之日月，天下仰其高明；譬之沧海，江河趋其浩博。然史传所载，什裁一二，而微言奥义[11]，若南金[12]焉，铢两可宝也，若谷粟焉，一日不可无也。贯彻上下，包括巨细，诚道德之至要，而福庆之大本矣。

后遵之，则可以配至尊，奉宗庙，化天下，衍庆源；诸侯、大夫之夫人与士、庶人之妻遵之，则可以内佐君子，长保富贵，利安家室，而垂庆后人矣。《诗》云："太姒[13]嗣徽音，则百斯[14]男。"敬之哉！敬之哉！

注释

[1] 肇基：始创基业。

[2] 涂山：山名，古史称禹会诸侯于涂山。传说禹娶涂山氏长女为妃，这里代指涂山氏。

[3] 有莘：古国名，商汤娶有莘氏之女，这里代指有莘氏。

[4] 成周：指周王朝。

[5] 克：能。

[6]《关雎》：《诗经·国风·周南》中的首篇，《毛诗序》以为该诗吟咏“后妃之德”。

[7] 壸（kǔn）：宫中道路，这里指宫内。

[8] 往哲：往古明哲之后。

[9] 允：诚信。

[10] 京：大。

[11] 微言奥义：精微的语言和深奥的含义。

[12] 南金：南方出产的铜。南指荆扬之地，古代称铜为金。

[13] 太姒（sì）：周文王之妃。

[14] 斯：此，就。

景贤范章第十一

诗书所载贤妃贞女，德懿[1]行备，师表后世，皆可法也。夫女无姆教，则婉娩[2]何从？不亲书史，则往行奚[3]考？稽[4]往行，质[5]

前言，模而则之，则德行成焉。

夫明镜可以鉴妍媸[6]，权衡可以拟轻重，尺度可以测长短，往辙可以轨新迹。希圣者昌，踵弊者亡。是故修恭俭莫盛于皇英[7]，求贞顺莫备于太姜[8]，效诚庄莫隆于太任[9]，行孝敬莫纯于太姒。仪式[10]刑[11]之，齐之则圣，下之则贤，否亦不失于从善。

夫珠玉非宝，淑圣为宝；令德不亏，室家是宜。《诗》云："高山仰止，景行行止。"其谓是与！

注释

[1] 懿：美好。

[2] 婉娩（miǎn）：指柔顺的样子。

[3] 奚：哪里，何处。

[4] 稽：考察，查找。

[5] 质：求证。

[6] 妍媸（chī）：美和丑。

[7] 皇英：尧的两个女儿娥皇、女英，都嫁给了舜。

[8] 太姜：周文王的祖母。

[9] 太任：周文王母。

[10] 仪式：典礼之秩序形式等，礼节规范。

[11] 刑：效法，取法。

事父母章第十二

孝敬者，事亲之本也。养非难也，敬为难。以饮食供奉为孝，斯[1]末矣。孔子曰：“孝者，人道之至德。夫通于神明，感于四海，孝之致也。”

昔者虞舜善事其亲，终身而慕[2]；文王善事其亲，色忧满容。或曰：“此圣人之孝也，非妇人之所宜也。”是不然。孝弟[3]，天性也，岂有间于男女乎？事亲者以圣人为至。

若夫以声音笑貌为乐者，不善事其亲者也。诚孝爱敬无所违者，斯善事其亲者也。县衾敛簟[4]，节文[5]之末；纫箴[6]补缀，帅事之微。必也恪勤朝夕，无怠逆于所命，祇[7]敬尤严于杖屦[8]，旨[9]甘必谨于馂余[10]，而况大于此者乎？是故不辱其身，不违其亲，斯事亲之大者也。

夫自幼而笄[11]，既笄而有室家之望焉，推事父母之道于舅姑，无以复加损矣。故仁人之事亲也，不以既贵而移其孝，不以既富而改其心。故曰：“事亲如事天。”又曰：“孝莫大于宁亲，可不敬乎！”《诗》云：“害浣害[12]否，归宁父母。”此后妃之谓也。

注释

[1] 斯：这。

[2] 慕：想念。

[3] 孝弟：即“孝悌”。

[4] 县衾敛簟：悬挂被子、收卷枕席。县，通“悬”，此指晾晒。簟，竹席。

[5] 节文：节制修饰。

[6] 箴：同“针”。

[7] 祗：恭敬。

[8] 杖屦：本指老人用的拐杖和鞋，后用于敬老之词，代称老人。

[9] 旨：味美；美味。

[10] 馂余：吃剩下的食物。

[11] 笄（jī）：古代盘头发或别帽子用的簪子。引申为女子可以插笄的年龄，即成年。

[12] 害：通“曷”，何不。

事舅姑章第十四

妇人既嫁，致孝于舅姑。舅姑者，亲同于父母，尊儗于天地。善事者在致敬，致敬则严；在致爱，致爱则顺。专心竭诚，毋敢有怠，此孝之大节也，衣服饮食其次矣。

故极甘旨之奉而毫发有不尽焉，犹未尝养也；尽劳勚[1]之力而顷刻有不恭焉，犹未尝事也。舅姑所爱，妇亦爱之；舅姑所敬，妇亦敬之。乐其心，顺其志。有所行，不敢专；有所命，不敢缓。此孝事舅姑之要。

昔太姒思媚，周基益隆；长孙尽孝，唐祚以固[2]。甚哉！孝事舅姑之大也。夫不得于舅姑，则不可以事君子，而况于动天地、通神明、集嘉祯[3]乎！故自后妃，下至卿大夫及士、庶人之妻，壹是皆以孝事舅姑为重。《诗》云："夙兴夜寐，无忝尔所生。[4]"

注释

[1] 劳勚（yì）：劳苦。

[2] 昔太姒思媚，周基益隆；长孙尽孝，唐祚以固：本句意为，太任爱戴、孝顺于太姜，所以周室的国基越发坚固；唐太宗的原配长孙文德皇后，能孝敬公婆，奠定了唐朝的福祉之基。

[3] 嘉祯：亦作"嘉贞"。犹言吉祥的征兆。

[4] 夙兴夜寐，无忝尔所生：妇人应当早起晚睡，尽其心志孝养公婆，以免给自己的父母带来耻辱。

奉祭祀章第十五

人道重夫昏礼者，以其承先祖、共祭祀而已。故父醮[1]子，命之曰："往迎！尔相承我宗事。"母送女，命之曰："往之女家，必敬必戒。"国君取夫人，辞曰："共有敝邑[2]，事宗庙社稷。"分虽不同，求助一也。

盖夫妇亲祭，所以备外内之官。若夫后妃奉神灵之统，为邦家之基，蠲洁[3]烝尝[4]，以佐其事，必本之以仁孝，将之以诚敬，躬蚕桑以为玄纨[5]，备仪物[6]以共豆笾[7]，夙夜在公，不以为劳。《诗》云："君妇莫莫，为豆孔庶[8]。"

夫相礼罔愆，威仪孔时，宗庙飨之，子孙顺之[9]。故曰：“祭者，教之本也。”苟不尽道而忘孝敬，神斯弗享矣[10]；神弗享而能保躬裕后[11]者，未之有也。凡内助于君子者，其尚勖[12]之！

注释

[1] 醮（jiào）：古代举行冠礼、婚礼所行的一种简单仪式。尊者对卑者酌酒，卑者接受敬酒后饮尽，不需回敬。

[2] 敝邑：对自己的国家谦称。

[3] 蠲（juān）洁：亦作“蠲絜”，清洁。

[4] 烝（zhēng）尝：本指秋冬二祭，后亦泛称祭祀。

[5] 玄紞（dǎn）：古代有皇后亲织玄紞之事，后指女红。

[6] 仪物：用于礼仪的器物。

[7] 豆笾（biān）：祭器。木制的叫豆，竹制的叫笾。

[8] 君妇莫莫，为豆孔庶：主妇心怀敬畏举止有仪，盘盏中食品是多么丰盛，席上那是宾客济济。

[9] 夫相礼罔愆，威仪孔时，宗庙飨之，子孙顺之：本句意为，辅助祭祀的时候，要符合礼仪而无过失，威仪得体合时，宗庙的神灵就会享受祭品，子孙看见了，也会恭顺而加以效法。

[10] 神斯弗享矣：神灵就不会享用祭品。

[11] 保躬裕后：保佑自己，福荫后代。躬，自己。

[12] 尚勖（xù）：还需要加以勉励。

母仪章第十六

孔子曰："女子者，顺男子之教而长其理者也。"是故无专制之义，所以为教不出闺门，以训其子者也。

教之者导之以德义，养之以廉逊，率之以勤俭，本之以慈爱，临之以严恪[1]，以立其身，以成其德。慈爱不至于姑息，严恪不至于伤恩。伤恩则离，姑息则纵，而教不行矣。《诗》云："载色载笑，匪怒伊教。[2]"

夫教之有道矣，而在己者亦不可不慎。是故女德有常，不逾贞信[3]；妇德有常，不逾孝敬。贞信孝敬，而人则之。《诗》云："其仪不忒，正是四国。[4]"此之谓也。

注释

[1] 严恪（kè）：庄严恭敬。

[2] 载色载笑，匪怒伊教：和颜悦色，笑语盈盈，不怒自威时已经施行了教化。色，指容颜和蔼。伊，语助词，无义。

[3] 不逾贞信：不超过正直诚信的范畴。

[4] 其仪不忒（tè），正是四国：引自《诗经·曹风·鸤鸠》，这句话的意思："容貌举止端庄严肃，方能成为四方国家的表率。"忒，差错。

睦亲章第十七

仁者无不爱也。亲疏内外，有本末焉，一家之亲，近之为兄弟，远之为宗族，同乎一源矣。

若夫娣姒[1]姑姊妹，亲之至近者也，宜无所不用其情。夫木不荣于干，不能以达支；火不灼乎中，不能以照外。是以施仁必先睦亲，睦亲之务，必有内助。

凡一源之出，本无异情，间以异姓，乃生乖别[2]。《书》曰："敦叙[3]九族。"《诗》曰："宜其家人。"主乎内者，体君子之心，重源本之义，敦《頍弁》[4]之德，广《行苇》[5]之风，仁恕宽厚，敷洽惠施。

不忘小善，不记小过。录小善则大义明，略小过则谗慝息，谗慝息则亲爱全，亲爱全则恩义备矣。亲疏之际，蔼然和乐。由是推之，内和而外和，一家和而一国和，而天下和矣，可不重欤？

注释

[1] 娣姒：妯娌。年长的为娣，年幼的为姒。

[2] 乖别：分离。

[3] 敦叙：分其次第顺序而亲之，也作"敦序"。

[4]《頍弁》：《诗·小雅》篇名，为宴兄弟亲戚之诗。

[5]《行苇》：《诗·大雅》篇名，为宴兄弟耆老之诗。

慈幼章第十八

慈者，上之所以抚下也。上慈而不懈，则下顺而益亲。是故乔木竦[1]而枝不附焉，渊水清而鱼不藏焉。故甘瓠[2]累于樛木[3]，庶草繁于深泽，则子妇顺于慈仁，理也。

若夫待之不以慈，而欲责之以孝，则下必不安。下不安则心离，心离则忮[4]，忮则不祥莫大焉。为人父母者，其慈乎！其慈乎！

然有姑息以为慈，溺爱以为德，是自敝其下也。故慈者，非违理之谓也，必也尽教训之道乎！亦有不慈者，则下岂可以不孝也？必也勇于顺令，如伯奇[5]者也。

注释

[1] 竦：通“耸”，高耸。

[2] 瓠（hù）：一种葫芦，嫩时可吃，老时可作盛物器。

[3] 樛（jiū）木：向下弯曲的树木。

[4] 忮（zhì）：忌恨。

[5] 伯奇：相传为周宣王时重臣尹吉甫之子，其后母诬陷他并把他赶出家门，尽管伯奇受尽苦难，仍然孝顺后母。

逮下章第十九

君子为宗庙之主，奉神灵之统，宜蕃衍[1]似续，传序无穷，故夫妇之道，世祀为大。古之哲后贤妃，皆推德逮下[2]，荐达贞淑[3]，不独任己，是以茂衍来裔[4]，长流庆泽[5]。

周之太姒有逮下之德，故《樛木》形福履之咏，《螽斯》扬振振之美，终能昌大本支，绵固宗社。[6]三王之隆，莫此为盛矣。

故妇人之行，贵于宽惠，恶于妒忌。月星并丽，岂掩于末光？松兰同亩，不嫌于俱秀。[7]

自后妃以至士、庶人之妻，诚能贞静宽和，明大孝之端，广至仁之意，不专一己之欲，不蔽众下之美，务广君子之泽，斯上安下顺，和气蒸融[8]，善庆源源，实肇[9]于此矣。

注释

[1] 蕃衍：同“繁衍”。

[2] 逮下：谓推恩惠及于下人。

[3] 荐达贞淑：推荐引进贞洁贤淑之人。

[4] 茂衍来裔：繁盛绵延后世子孙。

[5] 庆泽：指皇帝的恩泽。

[6] 故《樛木》形福履之咏……绵固宗社：所以《诗·周南·樛木》咏叹说：“太姒不嫉妒，恩及众妾，所以众妾赞美她的德行并祝愿她安享福禄。”《诗·周南·螽斯》颂扬说：“后妃不嫉妒，子孙众多，大家一派和悦美盛的样子。”

凭着后妃的贤德，周朝终能本固枝繁、子孙众多、宗社巩固。

[7] 松兰同亩，不嫌于俱秀：松高而兰矮，同样生长在大地上，松树不妨碍兰花的秀美。

[8] 蒸融：本义指蒸发消融，此处指和谐融洽。

[9] 肇（zhào）：开始、初始。

待外戚章第二十

知几者[1]见于未萌，禁微者谨于抑末。自昔之待外戚，鲜不由于始纵而终难制也。虽曰外戚之过，亦系乎后德之贤否尔。

观之史籍，具有明鉴。汉明德皇后修饬内政，患外家以骄恣取败，未尝加以封爵。唐长孙皇后虑外家以贵富招祸，请无属以枢柄[2]，故能使之保全。

其余若吕、霍、杨氏之流，僭逾奢靡，气焰熏灼[3]，无所顾忌，遂至倾覆。良由内政偏陂，养成祸根[4]，非一日矣。《易》曰："驯致其道，至坚冰也。[5]"

夫欲保全之者，择师傅以教之，隆之以恩，而不使挠法[6]；优之以禄，而不使预政；杜私谒[7]之门，绝请求之路，谨奢侈之戒，长谦逊之风，则其患自弭。

若夫恃恩姑息，非保全之道。恃恩则侈心肆焉，姑息则祸机蓄焉。蓄祸召乱，其患无断。盈满招辱，守正获福。慎之哉！慎之哉！

注释

[1] 知几者：指有预见。

[2] 请无属以枢柄：多次请皇帝不要让她们的族人担任重要职务。

[3] 僭（jiàn）逾奢靡，气焰熏灼：生活奢侈，挥霍无度已超越了极限，气焰嚣张，气势逼人。僭逾，僭越。熏灼，指逼人的声威气势。

[4] 良由内政偏陂，养成祸根：这都是由于后妃干涉内政，为朝纲混乱埋下祸根。

[5] 驯致其道，至坚冰也：寒冷之下，水初步凝结成霜，发展下去，则会形成坚冰。

[6] 挠法：枉法。

[7] 私谒：因私事而干谒请托。

幼仪杂箴

方孝孺

导读

方孝孺撰写此书的最初目的只是为了作为座右铭来自勉，“以攻己阙”。但实际上后来成为其家族子弟日常生活中遵守的一部重要的行为规范，其“幼仪”二字也说明了这一点。

该书针对当时学者“教无其法，学失其本”“内无所养，外无所约”的状况，从坐、立、行、寝、揖、拜、食、饮、言、动、笑、喜、怒、忧、好、恶、取、与、诵、书等二十个方面，确立了道德养成的规则。此书对青少年养成良好的道德习惯有极好的规范作用，所以后世成为重要的蒙学读物之一。明人茅元仪指出：“方希直《幼仪杂箴》二十首切近童蒙，更胜于周兴嗣《千字文》，况他书乎？所宜特为单行者也。”

作者简介

方孝孺（1357—1402），宁海（今浙江省宁波市）人，明朝大臣、学者、文学家、思想家，字希直，号逊志，曾以“逊志”名其书斋，因其故里旧属缑城里，故称“缑城先生”；又因在汉中府任教授时，蜀献王赐名其读书处为“正学”，亦称“正学先生”，后因拒绝为发动“靖难之役”的燕王朱棣草拟即位诏书，牵连其亲友学生870余人全部遇害，成为中国历史上唯一一个被“诛十族”的人。

序

道之于事，无乎不在。古之人自少至长，于其所在皆致谨[1]焉，而不敢忽[2]。故行跪揖拜，饮食言动，有其则[3]；喜怒好恶，忧乐取予[4]，有其度。或铭于盘盂[5]，或书于绅笏[6]，所以养其心志，约其形体者，至详密矣。其进于道也，岂不易哉？后世教无其法，学失其本。学者汩[7]于名势之慕，利禄之诱，内无所养，外无所约，而人之成德者难矣。予病乎此也，盖久欲自其近而易行者为学而未能，因列所当勉之目[8]，为箴[9]揭于左右，以攻己阙[10]。由乎近而至乎远，盖始诸此，非谓足以尽乎自修之事也。

坐

维坐容，背欲直，貌端庄，手拱臆[11]。仰为骄，俯为戚[12]。毋箕以踞[13]，欹以侧[14]，坚静若山乃恒德。

立

足之比也如植[15]，手之恭也如翼[16]。其中也敬，而外也直。不为物迁，进退可式[17]，将有立乎圣贤之域。

行

步履欲重，容止欲舒。周旋迟速，与仁义俱。行不畔[18]乎仁义，是为坦途。

寝

形倦于昼，夜以息之。宁心定气，勿妄有思。偃[19]勿如伏，仰勿如尸。安养厥德[20]，万化之基。

揖[21]

张拱而前，肃以纾敬[22]。上手宜徐，视瞻必定。勿游以傲，勿佻[23]以轻。远耻辱于人，动必以正。

拜

古拜有九，今存其一。数之多寡，尊卑以秩。宜多而寡，倨[24]以取祸；宜寡而多，为谄为阿[25]。以礼制事，不爽其宜。

食

珍腴[26]之慚，不若藜藿[27]之甘；万钟[28]之尸居[29]，不若釜庾[30]之有为。苟无待于富贵，夫孰得而贫贱之。噫！

饮

酒之为患：俾[31]谨者荒[32]，俾庄者狂，俾贵者贱而存者亡。有家有国，尚慎其防。

言

发乎口，为臧为否[33]；加乎人，为喜为嗔；用乎世，为成为败；传乎书，为贤为愚。呜呼！其发也，可不慎乎？

动

吾形也人，吾性也天。不天之祗[34]，而人之随。徇人[35]而忘反，不弃其天，而沦于禽兽也，几希！

笑

中之喜[36]，笑勿启齿。见其异，勿侮以戏。内既病[37]乎德，外为祸阶[38]。抵掌绝缨[39]，匪优则俳[40]。

喜

得乎道而喜，其喜曷已[41]。得乎欲而喜，悲可立俟[42]。惟道之务[43]，惟欲之去。颜孟[44]之乐，反身则至。

怒

世人于怒，伤暴与遽[45]。切齿攘袂[46]，不审厥虑。圣贤不然，以道为度。揆道酬物[47]，己则无与。暴遽是惩，圣贤是师。颜之好学，自此而推。

忧

惰学与德[48]，汝日戚戚[49]，忧为有益。名位不光[50]，惟日忧伤，汝志则荒。弃其所当忧，而忧其不必忧，世之人皆然。汝孰忧哉？勉于自修。

好

物有可好，汝勿好之；德有可好，汝则效之。贱物而贵德[51]，孰谓道远，将允蹈[52]之。

恶

见人不善，莫不知恶。己有不善，安之不顾。人之恶恶，心与汝同。汝恶不改，人宁汝容[53]？恶己所恶，德乃日新。己无不善，斯能恶人。

取

非吾义，锱铢[54]勿视。义之得，千驷[55]无愧。物有多寡，义无不存。畏非义如毒螫，养气之门。

与

有以处己，有以处人。彼受为义，吾施为仁。义之不图，陷人为利。私惠虽劳，非仁者事。当其可与，万金与之；义所不宜，毫发拒之。

诵

诵其言，思其义。存诸心，见乎事。以敬畜德，以静养志。日化岁加，山立川驶。圣道卓然[56]，焉敢不至？

书

德有余者，其艺必精。艺本于德，无为而名。惟艺之务，德则不至。苟极其精，世不之贵。汝书不美，自视不善。德不若人，乃不知忧。

先乎其大，后乎其细。大或可传，人不汝弃。

注释

[1] 致：致力于。谨：谨慎，严谨。

[2] 忽：粗心，疏忽。

[3] 则：规则，规范。

[4] 取予：亦作“取与”，收受和给予。

[5] 盘盂：圆盘与方盂的并称，一般用于盛物，古人经常在上面刻文记功或自励。

[6] 绅笏（hù）：大带与笏板。古代官员所使用。

[7] 汩（gǔ）：沉没，此指沉沦。

[8] 目：条目。

[9] 箴：以告诫规劝为主的一种古代文体。

[10] 阙：同“缺”。

[11] 拱臆：两手放在胸前。臆，胸。

[12] 戚：忧愁，悲哀。

[13] 箕以踞：两脚张开，两膝微曲地坐着，形状像簸箕。这是一种不拘礼节的坐法，比喻轻慢傲视对方。踞，蹲，坐。

[14] 攲（yī）以侧：歪倒摇晃貌。攲，倾斜，歪向一边。

[15] 植：同“直”，形容站立像树木一样挺直。

[16] 翼：翅膀，形容两手像翅膀一样放在左右，比喻谨慎小心的样子。

[17] 可式：正合式。

[18] 畔：通“叛”。此处指违反。

[19] 偃（yǎn）：仰卧；躺下。

[20] 厥德：其德。厥，代词，其。

[21] 揖：古代的拱手礼。

[22] 纾敬：和缓，庄重。

[23] 佻（tiāo）：轻薄，不庄重。

[24] 倨（jù）：傲慢。

[25] 阿：迎合，阿谀。

[26] 珍腴（yú）：美食。

[27] 藜藿：藜和藿，亦泛指粗劣的饭菜。

[28] 万钟：指优厚的俸禄，这里代指豪富之家。

[29] 尸居：谓居其位而无所作为，或不尽职。

[30] 釜庾：釜和庾，均古量器名，引申为数量不多。此处指贫贱之家。

[31] 俾（bǐ）：使。

[32] 荒：同“慌”，慌乱。

[33] 臧（zāng）否：品评；褒贬。臧，善，好。

[34] 祗（zhī）：敬，恭敬。

[35] 徇人：依从他人，曲从他人。

[36] 中之喜：心中之喜。中，内心。语出曹操《短歌行》：“忧从中来。”

[37] 病：缺点、错误、诟病。

[38] 祸阶：谓祸之来源。阶，阶梯，喻凭借或途径。

[39] 抵掌：击掌。指人在谈话中的高兴神情，亦指快谈。绝缨：扯断结冠的带。

[40] 匪优则俳：不是优伶就是戏子。优、俳，都是指古代表演乐舞、杂戏的艺人。

[41] 曷：何，怎么。已：止，罢了。

[42] 立俟：立即就到了。俟，等待。

[43] 务：从事，致力。

[44] 颜孟：颜回、孟子。

[45] 遽（jù）：惊惧，慌张。

[46] 攘袂（rǎng mèi）：捋上衣袖。常形容振奋或愤怒。

[47] 揆道：以道为准则。揆，道理，准则。酬物：处事接物。

[48] 惰学与德：对于学习和道德修习都很懈怠。

[49] 戚戚：忧惧，忧伤貌。

[50] 名位：名誉与地位。不光：不光彩。

[51] 贱物而贵德：轻视物欲追求而珍视德行修养。

[52] 允蹈：恪守，遵循。

[53] 容：包容，宽容。

[54] 锱铢：古代的计量单位，比喻极其微少的财物。

[55] 千驷：千辆马车，形容财富巨大。驷，古代同驾一辆车的四匹马或套着四匹马的车。

[56] 卓然：卓越的样子。

家规辑略

曹端

导读

曹端非常推崇《郑氏规范》，并录其主要内容，然后参以己见，撰成《家规辑略》。全书共一百六十六条，其中录自《郑氏规范》九十四条、真德秀《训子斋规》八条，作者自撰六十四条。分为祠堂、家长、宗子、诸子、诸妇、男女、旦朔、劝惩、习学、冠笄、婚姻、丧礼、推仁、治蚕等十四篇，详细规定了族人日常生活中应遵守的规范与礼仪。如曹端首先强调家长要正身率下，并对顽固不化之人予以严厉惩罚。其次，要求子弟要有仁爱之心，爱护自然万物。另外，由于受时代思潮的影响，其对女子节烈的要求则严于前代。并对改嫁、不守妇道的妇女给予严厉的惩罚，其惩罚力度亦大大超过前代，甚至出现了剥夺她人生命的条款。

该书颇受后人推重，清儒孙奇逢评价说："文靖有《家规辑略》一编，自《祠堂》至《治蚕》，为目十四，共二百六十四则（疑此处统计或书写有误）。或删定前人旧本，或独以己意新增，总之尊从先世之念，无处不格；而启佑后人之思，无微不入。"

作者简介

曹端（1376—1434），字正夫，号月川，河南渑池人。明初著名的学者、理学家。其学以“躬行实践为务”，而以“存养性理为大端”，曹端对许多重要理学命题有所修正、发挥，被后人推为“明初理学之冠”。著有《周易乾坤二卦解义》《太极图说通书》《西铭述解》等书。

序

且国有国法，家有家法，人事之常也。治国无法，则不能治其国；治家无法，则不能治其家。譬则[1]为方圆者，不可无规矩；为平直者，不可无准绳。是故善治国、善治家者，必先立法，以垂其后。自今观之，江南第一家义门郑氏[2]，合千余口而一家，历千余岁而一日，其贤祖宗立法之严，贤子孙守法之谨而致然[3]也。其法一百六十有八则，端悉录而宝之。今姑择其切要者九十有四则，因其类聚群分，定为一十四篇，名曰《家规辑略》，敬奉严君[4]，祈令子孙习读而世世守行之。期底于郑氏之美，而又妄述数十余则，以附其后，虽不能如郑氏之家规妙合圣贤之心法，扶世道，正人心，敦教化，厚风俗，上以光其先，下以裕其后，亦庶乎治家垂训之一小补云。

永乐丙戌正月甲子　河南曹端谨序

注释

[1] 譬则：譬如。

[2] 郑氏：指郑氏家族，以孝义治家，自南宋至明代中叶，十五世同居共食，和睦相处。立下“子孙出仕，有以赃墨闻者，生则削谱除族籍，死则牌位不许入祠堂”的家规，历宋、元、明三代，长达360多年，出仕173位官吏，无一贪赃枉法，无不勤政廉政。浦江郑氏家族如此义举，屡受朝廷旌表。明洪武十八年（1385）太祖朱元璋赐封其为“江南第一家”。时称义门郑氏，故又名“郑义门”。

[3] 致然：导致如此情况。

[4] 严君：父母之尊称。

祠堂第一（凡十三则）

起祠堂三间，缭以周垣，以奉先世神主，其仪式并遵《文公家礼》。

祠堂，所以报本，宗子当严洒扫扃镭之事，所有祭器、祭服不许他用。

子孙入祠堂，当正礼冠，即如祖考之在上，不得嬉笑对语疾步，晨昏皆当致恭而退。

祭祀务在孝敬，以尽报本之诚。其或行礼不恭，离席自便，与夫跛倚欠伸嚏噫嚏欬一切失容之事，量过议罚。

时祭之外，不得妄祀徼福。凡遇忌辰，当用素衣致祭，不作佛事，象钱寓马亦并绝之。是日不得饮酒、食肉、听乐，夜则出宿于外。

拨常稔田五十亩，别蓄其租，专充祭祀之费。其田券，印“某郡某氏祭田”六字，字号步亩，亦当勒石祠堂之左，俾子孙永远保守。有言质鬻者，以不孝论。

凡遇生朝，父母舅姑存者，酒果三行；亡者，则致恭祠堂，终日追慕。

以上七则出郑氏之旧本

祠堂之设，所以尽报本反始之心，尊祖敬宗之意，实有家名分之守，开业传世之本也，常须修理完固，洒扫清净，严加锁闭，非参谒毋擅开入，尤不许将一应闲杂器物于内寄放，及令头畜[1]窜入，俱属亵渎，违者不孝。

主人晨兴具服，诣祠堂大门内焚香，再拜，退而升堂，击鼓祗揖[2]。

按《家礼》，主人、主妇近出，则入大门，瞻礼而行，归亦如之。经宿而归，则焚香，再拜。远出经旬[3]以上，则再拜告云：“某将适某所，敢告[4]。”又再拜而行，归亦如之，但告云：“某今日归自某所，敢见。”经月而归，则开中门，立于阶下，再拜。升自阼阶[5]，焚香告毕，降复位，再拜。余人亦然，但不开中门。

祠堂行礼之初仪，一通鼓，家众具服；两通鼓，诣[6]外门下。如阖门[7]之仪，令子弟一人立于两行南端之中；俟三通鼓毕，唱云：“祭祀祖宗，务在孝敬，以尽报本之诚。”其或行礼不恭，离席自便，与夫跛倚[8]欠伸嚏噫[9]嚏欬一切失容之事，俱属不孝不敬。《诗》云：“神之格思，不可度思。矧可射思，戒之慎之。”[10]否则，家规有罚。毕赞礼唱，叙立，男由左入，女由右入，各就位。

时祭行礼赞叙，立设神主，参神行两拜礼。降神诣盥洗所，诣香棹[11]前，跪，斟酒，俯伏。诣高祖、高妣[12]神位前，斟酒，跪，祭酒，俯伏，少退立，献肝，行两拜礼。诸位皆然。诣香棹前，跪读祭文，俯伏，复位，行亚献礼。如初献仪，侑食[13]，主人斟酒，主妇插匙，远立香棹前，行两拜礼，复位。合门，主人以下，叙立于门东，主妇以下，叙立于门西。祝三噫歆[14]。启门，复位。进茶，复位。受胙[15]，诣香棹前，跪受酒。祭酒，啐酒[16]，祝嘏[17]，主人置酒于席前，俯伏，行两拜礼。跪受饭，尝饭，取酒，啐酒，俯伏，退立于阼阶。祝告利成，复位，行两拜礼。辞神，行两拜礼，以祭文同帛焚，纳神主，礼毕。

《斋戒告示》略云："某郡某氏见为祭祀事，窃惟时祭之礼，所以展孝思之心，尽报本之道，内当极其诚敬，外当肃其威仪，同寅协恭[18]，务期感格[19]。古人曰：'有其诚，则有其神，无其诚，则无其神。'为此，谨遵《文公家礼》，前期三日，主人率众丈夫致斋于外，主妇率众妇女致斋于内，沐浴更衣，饮酒不得至乱，食肉不得茹荤，不吊丧，不听乐，凡凶秽之事，皆不得预，如违，以不孝论。"

以上六则新增

注释

[1] 头畜：牲畜。

[2] 祗揖（zhī yī）：见面时向对方行肃拜之礼。语出《唐语林·补遗四》："凡入门至食，几数揖。祗揖者，古之肃拜也。"

[3] 经旬：一个月以上。

[4] 敢告：恭敬地告知。敢，副词，表示谦敬。

[5] 阼（zuò）阶：东阶。

[6] 诣：到，特指到尊长、官长那里去拜访。

[7] 阖门：关门。

[8] 跛倚：站立歪斜不正，倚靠于物。指不端庄的样子。

[9] 噦噫：打呃；打嗝儿。

[10]《诗》云……四句：语出《诗经·大雅·抑》。意为，鬼神的来临，真的是不可测度啊！正因为如此，怎么敢对他们懈怠而不加敬畏呢！思，语气助词，无义。矧，况且。

[11] 棹：同“桌”。

[12] 高祖、高妣：一说为始祖、远祖父母亲；二说为曾祖的父亲、母亲。

[13] 侑（yòu）食：指祭祀中为先人助歆享酒食之兴。

[14] 噫歆（yì xīn）：祭祀时，发声告神来享用祭品。

[15] 受胙（zuò）：接受胙肉。

[16] 啐（cuì）酒：古代的一种酒礼，祭祀完毕之后饮福酒。

[17] 祝嘏（gǔ）：祭祀时祝祷和所传达的言辞。

[18] 同寅协恭：同僚恭谨事君，共襄政事之典。语出《书·皋陶谟》：“百僚师，百工惟时……同寅协恭，和衷哉。”

[19] 感格：意为感于此而达于彼。

家长第二（凡八则）

家长总治一家大小数点事务，凡事令子弟分掌，然须谨守礼法，以制其下。其下有事，亦必咨禀而后行，不得私假，不得私与。

家长专以至公无私为本，不徇偏私。如其有失，举家随而谏之，然必起敬起孝，毋妨和气。若其不能任事，次者佐之。

为家长者，当以至诚待下，一言不可妄发，一行不可妄为，庶合古人以身教之之意。临事之际，毋察察而明，毋昧昧而昏，更须以量容人，常视一家如一身可也。

子孙固当竭力以奉尊长。为尊长者，亦不挟此自尊，攘拳揎袂，忿言秽语，使人无所容身，甚非教养之道。若其有过，反复谕戒之，甚不得已，会众箠之，以示耻辱。

主母之尊，欲使家众悦服，不可使侧室为之，以乱尊卑。

以上五则出郑氏旧本

父母者，家人之严君也。切宜正其衣冠，尊其瞻视，使俨然，人望而畏之。其下，皆须严恭祗奉[1]，听于无声，视于无形，使闺门之内有公府之严，方为礼法之家。虽非父母，时为家长者，皆当如此。

每旦，家长夙兴[2]外堂，与家众分职授事，各董所能。至晚，复升堂，考其勤惰，以定赏罚。

古人治家之道，惟以身教为先。为家长者，必先躬行仁义，谨守礼法，以率天下。其下有不从化者，不可遽生暴怒，恐伤和气，但当反躬自责，或效缪彤掩户以自挝[3]，或效石奋对案而不食[4]，其下悔改，即止，不治；如果遇顽，终化不省，然后责罚之，责罚不从，度不可容，陈之于官而放绝之，仍于宗图[5]上削其名，死生不许入祠堂，三年能改者，复之。

以上三则新增

注释

[1] 祇奉：敬奉。

[2] 夙兴：早起。

[3] 缪彤掩户以自挝：汉代有一个人叫缪彤。他幼时丧父，兄弟四人相依为命，后来各自娶妻成家，这两家主妇就要求分家另过，整天吵闹不休。缪彤很是气愤，就关了门，打着自己的脸说道："缪彤呀缪彤，你勤修身体，谨慎行为，学了圣贤人的法则，想去整齐天下的风俗，为什么不能够去正自己的家风呢？"他的弟弟、弟媳们听到了，就都在门外叩着头、谢了罪。缪彤才开了门出来。从此以后。他们一家的男男女女，就更加敦好和睦了。

[4] 石奋对案而不食：汉代的石奋，晚年时子孙犯了错误，他也不谴责，只是不坐正座，面对食案也不吃饭。儿子们看到后便互相责备，然后通过长辈的说情，他们个个跪地痛悔过错，他才答应。

[5] 宗图：宗谱，家谱。

宗子[1]第三（凡四则）

宗子上奉祖考，下一宗族，家长竭力教养。若其不肖，当遵横渠张子之说，择次贤者易之。

此一则出郑氏之旧本

宗子上为祖宗之祭主，下为族人之表仪，其昏配必至二十以上，果能孝义仁恕，方为择配，务求端洁孝敬。女子及父母严谨，素有家法者，娶之，毋得妄娶非人，以坏家法。非人，谓奔女、孀妇之类。

冢子[2]为诸子之表，冢妇为诸妇之仪，其责非轻，尤宜自重，孝仪勤俭，以身先之，仁恕礼让，以身率之。如此则上悦下服，家和户宁，立名天地，垂裕子孙。慎哉！慎哉！勉旃[3]毋怠。

宗子乃立家之本，必预立之，使家众知所统守可也。

以上三则新增

注释

[1] 宗子：古代宗法制度称大宗的嫡长子。

[2] 冢子：指嫡系继承人。

[3] 勉旃（miǎn zhān）：努力。旃，语气助词，之焉的合音字。

诸子第四（凡三十九则）

子孙须恂恂孝友，实有义家气象。见兄长，坐必起，行必以序，应对必以名，毋以尔我。诸妇并同。

兄弟相呼，各以其字冠于兄弟之上。如曰某字，冠某字弟之类。夫妻亦当以字行。诸妇娣姒相呼，并同。

子侄年非六十者，不许与伯叔连坐。违者，家长罚之。会膳不拘。

卑幼不得抵抗尊长。一日之长皆是。其有出言不逊、制行悖戾者，姑诲之；诲之不悛者，则重箠之。

子孙受长上诃责，不论是非，但当俯首默受，毋得分理。

子孙饮食，幼者必后于长者。言语亦必有伦，应对宾客，不得杂以俚俗方言。

子孙不得谑浪败度，免巾徒跣，凡诸举动，不得掉臂跳足，以陷轻猥。见宾客，亦当肃行祗揖，不可参差错乱。

子孙不得目观非礼之书，其涉戏淫亵之语者，即焚毁之，妖幻符咒之属，并同。

子孙毋习吏胥、毋为僧道，毋狎屠竖，以坏乱心术，当以“仁义”二字铭心镂骨，庶几有成。

子孙不得惑于邪说，溺于淫祀，以徼福于鬼神。

子孙不得修建异端祠宇，妆塑土木形像。

子孙不得从事交结，以保助闾里为名，而恣行己意，遂致轻冒刑宪，隳圮家业。故吾再申言之，切宜刻骨。

子孙当以和待乡曲，我宁容人，毋使人容我。切不可先操忽人之心。若累相凌逼，进退不已者，当理直之。

子孙年未三十者，酒不许入唇，壮者，惟许少饮，亦不宜沉酗杯酌，喧呶鼓舞，不顾尊长。违者，箠之。若奉筵宾客，唯务诚实，不必强人以酒。

子孙处事接物，当务诚朴，不可置纤巧之物，务以悦人，以长华丽之习。

子孙不得与人眩奇斗胜，两不相下，彼以其奢，我以吾俭，吾何害哉？

子孙受人贽帛，皆纳之公堂，后与回礼。

子孙不得无故设席，唯酒食是议，君子耻之。

子孙不得私造饮馔，以徇口腹之欲。违者，姑诲之，诲之不悛，则责之。产者，病者，不拘。

家产之成，难如升天，当以俭素是绳是准。惟酒器用银外，子孙不得别造，以败我家。

欲乐之设，诲淫长奢，切不可令子孙、臧获习肄之。违者，家长箠之。

增拓产业，彼则出于不得已，吾则欲为子孙悠久之计，当体究果直几缗，尽数还足。不可与驵侩交谋，潜萌侵人利己之心。否则，天道好还，纵得之，必失之矣。交券务极分明，不可以物货逋负相准。或有欠者，后当索偿，更不可以秋税暗附他人之籍，使人赔输官府，积祸非轻。

亲姻馈送，一年一度。非常吊庆，则不拘此。切不可过奢，又不可视贫而加薄，视富而加厚。

女子适人，若有外孙弥月之礼，唯首生者与之，余并不许，但令人以食味慰问之。

子孙年十二，于正月朔则出就外傅。见灯，不许入中门。入者箠之。

棋枰、双陆、词曲、虫鸟之类，皆足以蛊惑心志，废事败家，子孙一切弃绝之。

子孙不当养飞鹰猎犬，专事佚游，亦不得恣情取覆，以败家事。

违者以不孝论。

吾家既以孝义表门，所习所行，无非积善之事。子孙皆当体此，不得妄肆威福，图胁人财，侵陵人产，以为子孙植德之累。违者以不孝论。

以上二十八则出郑氏之旧本

父母有命善正，速行毋怠。命乖于礼法，则哀告再三，否则非孝。

诸子当先意承志，论父母于道。不幸而父母有过，又当从容谏正，必置父母于无过之地，则为大孝之道。苟视亲有过而不谏，与用言相激而不恤，则为不孝之甚。抑将为大孝乎，将为不孝乎？

孝、义、勤、俭谓之四宝，酒、色、财、气谓之四贼。苟能守其宝而防其贼，则可以立身成家而显亲扬名矣。可不慎乎？

父母者，子之天地也。子若欺瞒父母，即欺瞒其天地；亵慢父母，即亵慢其天地。人而欺瞒、亵慢天地，莫大之罪也。为人子者，可不深省而切戒之乎？

严君堂乃家人致恭之所，凡诸升降、出入、进退必须整齐、严肃，俨然如神明在上，毋得轻忽亵慢。违者以不孝论。

子妇凡受父母舅姑之赏赐者，必于严君堂下，先行四拜礼，升堂诣位前跪受，两手高捧，降置于棹上，复行四拜礼而退。

子妇无事，则侍于父母舅姑之所，容貌必恭，衣冠必整，言语必温，应对必慎，出入起居必谨。扶卫之，不可涕唾、喧呼、戏谑、嘻笑。必父母舅姑命之坐则坐，命之退则退。违者不孝。

卑幼于尊长，晨亦省问，夜亦安置。坐而尊长过之，则起。遇尊长于途，则拱手下面，俟立道左；有问，则敬对；必俟其过而后徐行。不见尊长，经再宿以上，则四拜，贺冬至正旦，则六拜；朔望，则四拜。凡拜数，或尊长临时减而止之，则从尊长之命。

小儿稍有知识，则教之以恭敬尊长，如有不知礼法，欺侮尊长者，则严诃禁之。其父母故纵而不禁者，家长罚之。

尔我，乃尊长称答卑幼之辞。今人子于父母，妇于舅姑，弟于兄长，妻于夫主，均以尔我称答，甚无上下礼体。万物之灵，切宜深戒！

酒以为人合欢神。禹、武王何恶之深？以其丧德生乱、妨功縻谷[1]故也。听吾言者，切宜深戒，妇女决不可饮。

以上十一则新增

注释

[1] 縻谷（mǐ gǔ）：浪费元神。縻，浪费。毂，生养之神，这里代指精神。《尔雅·释言》："谷，生也。"《广雅·释诂》："谷，养也。"

诸妇第五（凡二十三则）

诸妇必须安详，若敬奉舅姑以孝，事丈夫以礼，待娣姒以和。然无故不出中门，夜行必以烛，无烛则止。如其淫狎，即宜屏放。若有妒忌长舌者，姑诲之；诲之不悛，则责之，责之不悛，则出之。

诸妇媟言无耻及干预阃外事者，当罚拜以愧之。

诸妇初来，一月之外，许用便服。

诸妇服饰，毋事华靡，但务雅洁，违则罚之。更不许饮酒。年过五十者，弗拘。（按：此下共缺十则。）

以上十四则出郑氏之旧本

诸妇轮流直堂[1]者，鸡鸣而起，洒扫室堂，设椅棹，陈盥栉之具。舅姑[2]起，则拂床、叠被，侍立左右，以备使令[3]。及夜，则复拂床、展被，待舅姑寝安置而退。

诸妇凡受私亲之赐，如饮食、衣服、布帛、金银之类，自尺寸分毫以上，皆当献于舅姑。无舅姑，则献之家长，用则请而用之，不得私藏，不得私用。违者，以私藏货财论。

诸妇升严君堂，敢不梳头、洗面、系腰、缠脚、撩衣、挽袖、掉臂、跳足者，以不敬论。

诸妇夫死，有能持节守义而终身不愿再嫁者，主父、主母当厚恤养，以全其志，毋使失所。违者，必受天殃[4]。

诸妇夫死，有愿与夫同归而自死者，当闻于官而厚葬之，所有遗嗣[5]，主父、主母亦厚恤养，毋使失所。否者，必受天殃。

诸妇夫死，而忘恩背义愿适他人者，终身不许来往。如果有子，死后当依《文公家礼》降服杖期[6]而已。

女子自小便加严训，使知三从四德[7]之理、贞静专一之道，务必敦素雅洁，毋事华饰。违者，罚其母。

女子有作非为、犯淫狎者，与之刀绳[8]，闭于牛驴房，听其自死。其母不容者，出之。其父不容者，陈于官而放绝之，仍告于祠堂，于宗图上削其名，死生不许入祠堂。既放而悔改，容死其女者，复之。

妇女以柔顺为德，以贞烈为行，切不可自轻其身，以贻父母之辱。

以上九则新增

注释

[1] 直堂：指轮流在堂上值班的人。直，同“值”。

[2] 舅姑：公婆。

[3] 使令：差遣，使唤。

[4] 天殃：天降的祸殃。

[5] 遗嗣：指死后留下的子嗣。

[6] 降服：旧制。丧服降低一等为“降服”。如子为父母应服三年之丧，其已出继者，则为本生父母降三年之服为一年之服。杖期：旧时一种服丧礼制。杖，是居丧时拿的棒；期，是一年之丧。期服用杖的称“杖期”；不用杖的则称“不杖期”。如：嫡子、众子为庶母丧，服杖期。夫为妻丧，如父母不在，服杖期；若父母在，则服不杖期。

[7] 三从四德：古代用于约束妇女的行为准则与道德规范，“三从”与“四德”的合称。“三从”指幼从父、嫁从夫、夫死从子；“四德”指妇德、妇言、妇容、妇工。

[8] 刀绳：刀和绳。此处指自尽的器具。

男女第六（凡六则）

家中燕享，男女不得互相酬劝，庶几有别。若家长舅姑礼宜馈食者，非在此限。

男女不共圊溷，不共湢浴，以谨其嫌。春冬一月一浴，夏秋不拘。

男女不亲授受，礼之常也。诸妇不得用刀镊工剃面

以上三则出郑氏之旧本

今人内外筵会，男女同席共饮，互相酬劝，交相授受，甚者相为戏谑，相为比斗，大非人理，有玷华风。吾家男女，七岁以上，不同席，不共食，以严其别。违者罚其母。

今人有翁伯之尊，于新妇之手自接小儿，有乖礼体，切宜深戒。

今人所以坏男女之礼者，莫甚于嫂叔及大小姑之夫，吾家男女于此尤宜谨之。否则，非礼法家也。

以上三则新增

旦朔第七（凡十则）

每旦，击钟二十四声，家众俱兴。四声咸盥漱，八声入有序堂，家长中坐，男女分坐左右，令未冠子弟朗诵男女训戒之词，男训云："人家之盛衰，皆系乎积善与积恶而已。何谓积善？居家则孝弟，处事则仁恕，凡所以济人者，皆是也。何谓积恶？恃己之势以自强，尅人之财以自富，凡所以欺心者，皆是也。是故能爱子孙者，遗之以善，不爱子孙者，遗之以恶。《传》曰：'积善之家，必有余庆。积不

善之家，必有余殃。’天理昭然，各宜深省。”女训云：“家之和与不和，皆系妇人之贤否。何谓贤？事舅姑以孝顺，奉丈夫以恭敬，待娣姒以温和，接子孙以慈爱，如此之类是也。何谓否？不亲井臼，不勤织纴，长舌诋尊，淫妒无德，如此之类是也。天道甚近，福善祸淫，为妇人者，不可不畏。”诵毕，男女起，向家长一揖，复分左右，行会揖而退。九声，男会膳于同心堂，女会膳于安贞堂，三时并同。其不至者，家长规之。

朔望，家长率众参谒祠堂。毕，出坐堂上，男女分立堂下。击鼓二十四声，令子弟一人唱云：“听听听，凡为子者，必孝其亲；为妻者，必敬其夫；为兄者，必爱其弟；为弟者，必恭其兄。听听听，毋徇私以妨大义，毋怠惰以荒厥事，毋纵奢侈以干天刑，毋用妇言以间和气，毋为横非以扰门庭，毋耽曲蘖以乱厥性。有一于此，既殡尔德，复隳尔胤。睠兹祖训，实分废兴。言之再三，尔宜深戒。听听听。”众皆一揖，分东西行而坐，复令子侄诵孝弟故实一过，会揖而退。

以上二则出郑氏之旧本

鸡鸣而起，乃子事父母，妇事舅姑之常礼。吾家男女，除六十岁以上、八岁以下之老稚者，质明[1]起行礼，余皆鸡鸣而起，诣父母、舅姑之所省问，退而各勤其事，待父母、舅姑起，咸会[2]而肃行祗揖之礼。

朔望，家长夙兴，率众参谒祠堂。毕，出坐堂上，男女分立堂下，男先再拜，女先四拜。长者进诣尊者跪，家众皆跪。长者曰：“子某等伏愿膝下备膺五福[3]，保族宜家。”俯伏兴，退，复位。男复再拜，女复四拜。毕，令子侄朗诵毋听妇言之戒。诵毕，男女升分左右，复令子侄敬诵孝义故实一过。男女降，复分左右，行圆揖而退。

朔望，行香赞礼，唱叙，立设神主。参神，行两拜礼。降神，诣盥洗所。诣香棹前，跪焚香，俯伏行四拜礼，跪斟酒灌酒，俯伏行两拜礼，复位。主人、主妇同升，主人献酒，主妇献茶，退立香案前，行两拜礼，复位。辞神行两拜礼，纳神主，礼毕。

祭毕而燕[4]，主父、主母升堂，击鼓六声，家众叙立于堂下。先再拜，子弟之长者进立于位前，幼者一人执注[5]立于其右，一人执盏[6]立于其左。献者跪，家长皆跪，斟酒，献于主父、主母位前，叉手祝曰："祀事既成，祖考嘉享。伏愿膝下备膺五福，保族宜家。"主父、主母举酒，饮毕，授幼者盏注，反其故处。长者俯伏，家众亦然。兴退，与家众皆再拜。主父、主母命坐，皆再拜而坐。主父命取注及长子之盏置于前，自斟之，遂命斟诸男子酒。主母命取注及长妇之尽，亦自斟之，遂命斟诸妇之酒。皆遍，主父祝曰："祀事既成，五福之庆。愿与汝曹[7]共之。"众皆起，叙立如前，俱再拜，就坐，饮讫，遂供馔。毕，然后泛行酒，尽欢而止。

每晚，家长升堂，家众叙立，令未冠子弟朗诵男女之戒曰："为男子者，毋听妇人之言。为妇人者，毋辱男子之行。男子而听妇人之言，如谗言破亲，私言破义，凡可以离间骨肉者，皆是也。妇人而辱男子之行，如淫狎、窃盗、谑浪、败度，凡可以致人笑耻者，皆是也。是故男效才良，岂听妇人之言？女慕贞洁，岂辱男子之行？呜呼！听妇人之言者，则为阘茸[8]之男；辱男子之行者，则为阘茸之妇。男女同德，各宜深戒。"诵毕，家众向长一揖，复分班圆揖。毕，男女以次升，咸温恭道安置而退。

每日食时，击鼓八声，男女会膳。主父、主母中坐，男女分坐左右，务必端严、谨慎，毋得戏笑、喧哗，其举止亦必齐一，不可先后错乱。违者，罚拜以愧之。

每日三度会膳，以鼓齐之。苟闻鼓而不至者，注膳一度。

每日会膳之时，家众坐定，令未冠子弟一人唱云："父母所以生吾身也，饮食所以养吾身也。人能慕父母如饥渴之慕饮食，则孝心终身不怠，又岂可污身败度，以辱父母乎？"

以上八则新增

注释

[1] 质明：天刚亮的时候。

[2] 咸会：全部聚在一起。咸，全，都。

[3] 备膺：具备承当。五福：长寿、富贵、康宁、好德、善终。

[4] 燕：古同"宴"，宴饮。

[5] 执注：拿着酒具。注，酒具。

[6] 盏：小杯子。

[7] 汝曹：你们。

[8] 阘（tà）茸：小户，引申为卑下。比喻地位卑微或品质卑劣的人。

劝惩第八（凡七则）

立劝惩簿，监视掌之，月书功过，以为善善恶恶之戒。有沮之者，以不孝论。

造二牌，一刻“劝”字，一刻“惩”字，一空一截，用纸写帖。何人有过，何人有功，既上劝惩簿，更上牌中，挂会揖处，二日方取，以示赏罚。

监视纠正一家之是非，所以为齐家之则，而家之盛衰系焉，不可顾忌不言。在上者，当犯颜直谏，谏若不从，悦则复谏。在下者，则教以人伦大义，不从，则责，又不从，则挞。

子孙倘有私置田业、私积货财，事迹显然彰著，众子孙得言之家长，家长率众告于祠堂，击鼓声罪而榜于壁。更邀其所与亲朋告语之，所私即便拘纳公堂。有不服者，告官，以不孝论。其有立心无私、积劳于家者，优礼遇之，更于劝惩簿上明记其绩，以示于后。

赏罚之法曰：“上非赏罚，则无以为劝善惩恶之道。下非赏罚，则无以启向善悖恶[1]之心。是则赏罚者，不惟家长当行，而家众皆所当知也。今将家众所为善恶实迹，分明籍记，每三个月一考定，为三等九申之法，以凭赏罚之。如子妇能孝义，又勤俭无过者，考上上；能孝义而勤俭不足，亦无过者，考上中；孝义不足，而勤俭有余，亦无过者，考上下；孝义可称，勤俭可取，而过有十之二三者，考中上；孝义可称，勤俭颇可，而过有十之四五者，考中中；孝义颇可，勤俭可称，而过有十之六七者，考中下；孝义颇可，勤俭全无，而过有十之八九者，考下上；孝义全无，勤俭颇可，而有十分之过者，考下中；孝义勤俭绝无可称，而又有十分之过者，考下下。”“上上者，簪花[2]告祠，男则邀亲宾享于祠堂，以谕荣之；妇则会茶于祠堂，赏纱绫手帕各一，绢布履材各一，针三十，线五色各十条，燕粉共三两，更与假三日，俾归宁[3]父母，以彰其善。上中者，亦簪花告祠堂，男则邀亲宾于严君堂，以勉劝之；妇则会茶于严君堂，赏缓手帕一，绢履材一，针二十，线五色各八条，燕粉二两，亦与假二日，俾归宁父母，以嘉之。上下者，不必簪花告祠，男但燕于严君堂，以勉励之；妇亦会茶严君堂，赏纱手帕一，布履材一，针十，线五色各六条，燕粉二两，亦与假一日，近者归宁父母，远者不许。中上者，男则赏酒三钟，饭一盘，妇则会茶，但赏粗布履材一，针一十，锦线、山丝各二两，余并不与。中中者，男则赏酒三钟；妇则不会茶，但赏绵线、山丝各一两。中下者，免罚。下上者，男则罚半个月不饮酒食肉；妇则罚舂磨汲水役五日。下中者，男则罚一月不许饮酒食肉，妇则罚舂磨汲水役十日。下下者，男则罚一个半月不许饮酒食肉，加扫除牛下役[4]三日；妇则罚舂磨汲水役半个月。”“若先考上上而再考又上上者，除赏本等外，明日又令次口子孙奉酒拜庆。先考上中而再考上上者，亦除以本等外，次日男则赏酒三杯，饭一盘，妇则又会茶，赏绵线、山丝各一两。先考上上而考上中者，以上上赏之。先考下上而再考下中者，以下下罚之。余仿此。但先考下下而再考又下下者，仍罚本等。”“若当罚日内，有能奋然迁善改过、立有异行、可以显亲扬名者，即免之，仍记其善，于再考中作数。若当罚而抱怨不服者，除再量情罚法外，每五日加一日，亦记其过，于再考中作数。”“当罚日内，有遇时祭，俗节，父母、舅姑、夫及本身寿旦者，免之，仍告祠堂。毕，则诣严君堂谢之。”

以上五则，郑氏旧本

子孙赌博无赖及一应违于礼法之事，家长度不可容，会众罚拜以愧之。但长一年者，受三十拜。又不悛[5]，则会众而痛箠[6]之。又不悛，则陈于官而放绝之，仍告于祠堂，于宗图上削其名。三年能改者，复之。

置劝惩文簿，将家众所为善恶实迹分明附记，昭于后昆[7]，使为善者知所显荣而愈加为善，为恶者知所羞辱而不敢为恶，又将使后世子孙以善为法，以恶为戒，慎毋徇偏，妄肆威福。天地祖宗，实共临之。

以上二则新增

注释

[1] 悖恶：违逆凶恶；乖戾不驯。

[2] 簪花：旧时插于头上的首饰。

[3] 归宁：回家省亲。多指已嫁女子回娘家看望父母。

[4] 牛下：牛的排泄物。役：服劳力之事。

[5] 悛（quān）：悔改。

[6] 箠：用棍子打，杖刑。

[7] 后昆：亦作“后绲”。后嗣；子孙。

习学第九（凡十五则）

子孙为学，须以孝义切切为务，若一向偏滞词章，深所不取，此实守家第一事，不可不慎。

小儿年五岁者，每朔望参祠讲书，及忌日奉祭，可令学礼。入小学者，当预四时之祭，每日早膳后，亦随众到书斋祗揖。须直祠堂者，及斋长举明，否则罚之。其母不容，亦罚之。

子孙自八岁入小学，十二岁出就外傅，十六岁入大学，聘致明师训饬，必以孝弟忠信为主，期底于道。若年至二十一岁，其业无所就者，令习治家理财，向学有进者，不拘。

子弟已冠而习学者，每月十日一轮，挑背已记之书及谱图、家范之类。初次不通，去巾一日；再次不通，则倍之。三次不通，则分纻。未冠时通，则复之。

子弟未冠，学业未成，不得食肉。古有是法。非惟有资于勤苦，抑欲其识齑盐之味。

学礼，凡为人，要识道理，识理法。在家庭事父母。入书院事先生，并要恭敬顺从，遵依教诲，与之言则应，教之事则行，毋得怠惰自任己意。

学诵专心，看字、断句、漫读须要字字分明，毋得目视东西，手弄他物。

学坐，定坐端身，齐手敛足，毋得偃仰倾侧。

学书，臻聚也。志把笔，并要齐整、圆净，毋得轻意糊涂。

学揖，低头曲腰，出声收手，毋得轻率慢易。

学行，笼手徐行，毋得掉臂跳足。

学立，拱手正身，毋得跛倚欹斜。

以上十二则出真舍人定

子弟为学，必先尊师重友。圣贤之道，切不可有自足之心。

子弟为学，当以圣贤正道自期，不可流于异端。

子弟为学，须将圣经贤传字字句句于心上理会，务要礼之于身，见之于行，不可只做一场话说。

以上三则新增

冠笄第十（凡六则）

子弟当冠，须延[1]有德之宾，庶可责以成人之道。其仪式并遵《文公家礼》。

子弟年十六岁以上，许行冠礼，须能暗记《四书》一经正文，讲说大义，方可行之。否则，直至二十一岁。弟若无能，则先冠，以愧之。

子弟未冠者，不许以字行，不许以弟称，庶几合于古人责成人之意。

女笄[2]者，母为选宾行礼，制辞[3]字之。

凡为童子，以事长为事，紒[4]而不冠，衣而不裳，名而不字，皆所以别成人，教逊弟也。

冠礼之设，将责以为人弟、为人臣、为人少者之行，其礼可不重欤？

以上六则新增

注释

[1] 延：请。

[2] 笄：笄礼。指古代女子成年时举行的仪礼。

[3] 制辞：指一定程式的行文。

[4] 紒（jì）：发结。

婚姻第十一（凡九则）

婚姻乃人道之本，亲迎、醮啐、奠雁、授绥之礼，人多违之。今一袪时俗之习，其仪式并遵《文公家礼》。

婚嫁必须择温良有家法者，不可慕富贵以亏择配之义。其家强逆、乱世、有恶疾者，毋得与议。违者不孝。详见《文公家礼》。

娶妇须以嗣亲为重，不得享宾，不得用乐，违者罚之。入门四日，婿妇同往妇家行谒见之礼。

娶妇三日，妇则见于祠堂，男则于堂中行受家规之礼，先拜四拜，家长以家规授之，祝其谨守勿失，复四拜而去。

女子议亲，须谋于众，其或父母于幼年妄许者，公堂不与妆奁。

以上五则出郑氏旧本

凡议婚姻，当先察其婿与妇之性行及家法何如。

择配，必于男女十四五以上，方见贤愚。否则，必有后悔。

择婚姻，但以德行家法，不可溺阴阳非礼之论，尤不可效夷虏论财之道[1]。

婚姻但以及时为贵，不可太迟，不可太早。

以上四则新增

注释

[1] 夷虏论财之道：语出王通《文中子》："婚姻论财，夷虏之道"。这两句大意是：决定婚姻时讲究财产，那就是野蛮人的思想观念。夷虏，旧时指未开化的民族。

丧礼第十二（凡六则）

丧礼久废，多惑于释老之说，今皆绝之，其仪式并遵《文公家礼》。

子孙临丧，当务尽礼，不得惑于阴阳，非礼拘忌，以乖大义。非礼拘忌，如□□妨损之类。

丧事不得用乐，服未阕者，不得饮酒食肉。违者不孝。详见《文公家礼》。

以上三则出郑氏之旧本

丧礼以哀为本，不可妄行铺张，祭仪务为观美。

古者棺七寸，椁称之。今既依《文公家礼》，用灰隔之制，椁固不用，棺必须厚三寸以上，涂以松脂，方为可用。否则，非孝子之心也。

葬埋之法，当用赵忠敏公族葬之图，左昭右穆[1]，以世为列，不可淆乱。

以上三则新增

注释

[1] 左昭右穆：昭穆是我国古代的宗法制度，指宗庙、墓地或神主的辈次排列。也就是宗庙、坟地和神主的左右位次，左为昭，右为穆，故亦称左昭右穆制。

推仁第十三（凡十四则）

宗人实共一气所生，彼病则吾病，彼辱则吾辱，理势然也。子孙当委曲庇覆，勿使失所，切不可恃势凌轹，以忝厥祖。更于缺食之际，揆其贫者，月给谷六斗，直至秋成住给。其不能婚嫁者，助之。

宗人无子，实坠厥祀，当择亲近者为继立之，更少资之。

宗人若寒，深当悯恻。其果无衣与絮者，子孙当量力而资助之。

宗族无所归者，量拨房屋以居之。更劝勿用火葬；无地者，听埋义冢之中。

祖宗所建义祠，盖奉祖宗之无后者，立春祭先祖，毕，当令子弟设馔祭之，更为修理，毋致毁堕废坏。

里党或有缺乏，裁量出谷借之，后催原谷归还，勿收其息。其无子之家，给助粥谷二斗五升。

里党痒疴疾痛，吾子孙当深念之，彼不自给，况望其馈送我乎？

但有一毫相赠，亦不可受。违者，必受天殃。

置药市一区，收贮药材。邻族疾病，其症章章可验，如疟痢痈疖之类，施药与之。更须诊察寒热虚实，不可慢易。此外，不可妄与，恐致误人。

桥圮路淖，子孙倘有余资，当助修治，以便行客。或遇隆暑，又当于通衢设汤茗一二处，以济渴者，自六月朔至八月朔止。

立义冢一所，乡邻死亡，委无子孙者，与给槥椟埋之。其鳏寡孤独，果无自存者，时周给之。

拯救宗族里党，一应等物，令监视置推仁簿逐项书之，岁终于家长前会算。其或沽名失实及执吝不肯支者，天必绝之。此吾拳拳真切之言，不可不谨，不可不慎。

以上十一则出郑氏旧本

牛之耕田，狗之防寇，有功于人，深所当念。吾家所畜牛、狗，有三年以上之功者，死则埋之，其调良异常者，不拘三年之例。

子弟切不可于山野放火，延烧林木，伤害虫鸟，有失仁心。违者，天必不佑。

邻里乡党有遇水火、贼盗，当尽力赴救，不可坐视。否则，天必祸之。

以上三则新增

治蚕第十四（凡五则）

每岁畜蚕，主母分给蚕种与诸妇，使之在房畜饲。待成熟时，却就蚕屋上箔，须令子弟直宿，以防风烛。所得之茧，当聚一处抽缫。更须预先抄写各房所畜多寡之数，照什一之法赏之。

此一则出郑氏之旧本

治蚕，当用古人所定之常法，不可苟且，枉废人功。详见《农书》。

畜蚕之道，但可量力为之，不可贪多。

蚕室必须干净、温暖，不可太热，不可太凉，否则，蚕必不成。

诸妇治蚕，必须同心齐力，共成其事，不可相靠。违者，家长罚之。

以上四则新增

戒子书

薛瑄

导读

后世称薛瑄为“先儒薛子”，而且从祀孔庙，这基本与“圣人同”。但，读他的《戒子书》，还是能感到一丝父子之间暖暖的温情，尤其是中间一段提出的对子女读书篇目的要求，“圣贤修道之教，垂世之典若小学，若四书，若六经之类”。然后提出，应当怎样去读，“诵读之，讲习之，思索之，体认之”。这四点读书法，是薛瑄的读书心法，他无私地传授给子女，但最后他强调，一定还要落实到实践中去“反求诸日用人伦之间”，所以《戒子书》通篇的主旨就是“伦理”二字，而且开篇即说“人之所以异于禽兽者，伦理而已。”然后反复进行论说，人与禽兽的区别，直至段尾，这就是一个道学家，站在自己学术修养的基础上对子女的希冀，更是在人世间行走一生后，自己对社会人生应当如何走的一个指引。

作者简介

薛瑄（1389—1464），字德温，号敬轩，河津（今山西省河津县）人。明代著名思想家、理学家、文学家，河东学派的创始人，世称“薛河东”。

永乐十九年（1421）进士，官至通议大夫、礼部左侍郎兼翰林院学士。天顺八年（1464）去世，赠资善大夫、礼部尚书，谥号文清。隆庆五年（1571），从祀孔庙。薛瑄是继曹端之后，另一位在北方开创了“河东之学”的明代大儒，门徒遍及山西、河南、关陇一带。其学传至明中期，其势“几与阳明中分其盛”。清人视薛学为朱学传宗，称之为“明初理学之冠”，“开明代道学之基”。高攀龙认为，有明一代，学脉有二：一是南方的阳明之学，一是北方的薛瑄朱学。可见其影响之大。薛瑄著有《薛文清公全集》四十六卷。

人之所以异于禽兽者，伦理而已。何为伦？父子、君臣、夫妇、长幼、朋友，五者之伦序，是也。何为理？即父子有亲，君臣有义，夫妇有别，长幼有序，朋友有信，五者之天理，是也。于伦理明而且尽，始得称为人之名。苟伦理一失，虽具人之形，其实与禽兽何异哉？盖兽所知者，不过渴饮饥食，雌雄牝牡[1]之欲而已，其于伦理则蠢然无知也。故其于饮食雌雄牝牡之欲既足，则飞鸣踯躅[2]，群游旅宿，一无所为。若人但知饮食男女之欲，而不能尽父子、君臣、夫妇、长幼、朋友之伦理，即暖衣饱食，终日嬉戏游荡，与禽兽无别矣。圣贤忧人之陷于禽兽也如此，其得位者，则修道立教，使天下后世之人，皆尽此伦理，是则圣贤穷达虽异，而君师万世之心，则一而已。汝曹既得天地之理气，凝合祖父之一气流传，生而为人矣，其可不思所以尽其人道乎？欲尽人道，必当于圣贤修道之教，垂世之典，若小学[3]，若四书[4]，若六经[5]之类，诵读之，讲习之，思索之，体认之，反求诸日用人伦之间。圣贤所谓父子当亲，吾则于父子求所以尽其亲；圣贤所谓君臣当义，吾则于君臣求所以尽其义。圣贤所谓夫妇有别，吾则于夫妇思所以有其别；圣贤所谓长幼有序，吾则于长幼思所以有其序；圣贤所谓朋友有信，吾则于朋友思所以有其信。于此五者，无一而不致其精微曲折之详，则日用身心，自不外乎伦理，庶几称其人之名，得免流于禽兽之域矣。其或饱暖终日，无所用心，纵其耳目口鼻之欲，肆其四体百骸之安，耽嗜于非礼之声色臭味，沦溺于非礼之私欲宴安，身虽有人之形，行实禽兽之行。仰贻天地凝形赋理之羞，俯为父母流传一气之玷[6]，将何以自立于世哉？汝曹勉之敬之，竭其心力以全伦理，乃吾之至望也。

注释

[1] 牝牡（pìn mǔ）：本指雌性和雄性的鸟兽，此指动物本能的性欲。

[2] 踯躅（zhí zhú）：以足击地，顿足，也指徘徊不进的样子。

[3] 小学：《小学》，宋代朱熹与弟子刘清之合编的蒙学读物，全书六卷，分内外两篇。

[4] 四书：指《大学》《中庸》《论语》《孟子》四种儒家经典。

[5] 六经：中国儒家学派创始人孔子晚年整理的《诗》《书》《礼》《易》《乐》《春秋》，后人称之为“六经”。其中《乐》经已失传，所以后世通常称“五经”。

[6] 仰贻天地凝形赋理之羞，俯为父母流传一气之玷：对上愧对天地造化你，使天地羞辱，对下使父母为生育你而蒙耻。

戒族人书

罗伦

导读

罗伦的这篇家训非是面对自己的一家一户，而是面对全族而书写的。作为一向看重名节胜于生命的儒士，他在《戒族人书》中的一段话，实际代表了他的人生信条：“所以有好子弟者，非好田宅，好衣服，好官爵，一时夸耀闾里者也。谓有好名节，与日月争光，与山岳争重，与宵垠争久，足以安国家，足以风四方，足以奠苍生，足以垂后世。”

罗伦作为儒家的传薪火者，认为好子弟不是有好田宅，好衣服，高官位显，能光宗耀祖，夸耀于乡里，而应有好的道德，好的品质，对国家、对百姓有大的贡献，他的美德和业绩能传播天下，永垂千秋。此等胸襟与眼界实际上已经是明儒人生价值观超越宋儒的一个鲜明标志。由宏观到微观，罗伦谈到齐家时说：“不争田地，不占山林，不尚争斗，不肆强梁……不尚奢侈”等，既然能舍掉私欲，那么一切便都会纳到行道上来。

实际上明儒较之宋儒的一大进步便是他们能将儒家“存天理，去人欲”这一中心意旨真正落实到生活的点点滴滴上，而非空谈。

作者简介

罗伦（1431—1478），明代理学家，字应魁，号一峰，吉安永丰（今属江西）人，家贫好学。成化二年（1466）会试擢进士第一，授翰林院修撰，因抗疏论李贤起复一事而贬官，贬谪福建市舶司（泉州）副提举。在任生活贫苦，以代人书写以补家用。次年，复官改任南京翰林院修撰，在任二年，以疾病而辞归，隐居在家乡金牛山，钻研经学，开门教授，从学者众。学术上，罗伦笃守宋儒为学之途径，重修身持己，尤以经学为务。为文有刚毅之气，诗作磊落不凡，著有《一峰集》。

列位叔父，列位兄长，别后想得安康？伦别无他嘱，为人祖宗父兄者，惟愿有好子弟。所以有好子弟者，非好田宅、好衣服、好官爵，一时夸耀闾里[1]者也。谓有好名节，与日月争光，与山岳争重，与霄垠[2]争久，足以安国家，足以风四方[3]，足以奠苍生[4]，足以垂后世。如汴宋欧阳修，如南渡之文丞相[5]者是也。若只求饱暖，习势利，如前所云，则所谓恶子弟，非好子弟也。此等子弟，在家未仕也，足以辱祖宗，殃子孙，害身家；出而仕也，足以污朝廷，祸天下，负后世，甚至子孙有不敢认，如宋之蔡京、秦桧。此岂父兄祖宗之所愿哉！想其势焰宦爵富贵，岂止如今日乡里中一二前辈也！而今日安在哉？然所谓好子弟者，亦在父兄子侄成就之耳。人才之盛，乡党为最[6]，然非父兄败之，则子孙丧之，取讥天下，贻笑后世，甚可恶也。载之史书，使后世之明君贤主，轻弃南人[7]未必不由此也。吾愿叔父听之，子侄戒之，共怂成[8]我做天地间一个完人。

盖未有治国不由齐家，家不齐而求治国，无此理也。何谓齐家？不争田地，不占山林，不尚争斗，不肆强梁[9]，不败[10]乡里，不陵宗族，不扰官府，不尚奢侈，弟让其兄，侄让其叔，妇敬其夫，奴恭其主。只要认得一忍字、一让字，便齐得家也。其要在子弟读书与礼让。若不听吾言，譬如争一亩田，占一亩住基，两边不让，或致人命，或告官府，或集亲戚，所损甚大。若以此费置[11]买前物，所费几倍。若曰住基无卖，此又愚也。其所以为此计者，不过遗自己之子耳。父母之心，爱子孙一也。今夺吾父母之子，以与自己之子，甚非我父母之心也。父母虽不在，逆其心，则逆天理矣，安知吾子孙不如今日之争哉？凡事皆此类也，而此事尤切，故特言之。今后若有田地等物不明，只许自家明白，不许扰及官府。我若不仕，尤当守此言也。其余取债之属，民甚贫穷可悯，自己少用一分，便积得一分德，奴仆放横，不可放起。自今以后，无片言只字惊动府县方好。不然，外人指议，此人要做好人，不能齐家。世间安有此等好人哉？由此得祸，不可知也。兼我在此，国事日在心怀。仲淹做秀才时，便以天下为己任，况今日乎！进退得失，有义有命，吾心视之，已如孤云野鹤，脱洒无系[12]。自古坏事，皆是爱官职底人，弄得狼狈了脱，便根本不安，枝叶安得保乎？戒之！戒之！若使我以区区官职来齐家，不以礼义相告，便成下等人了。但中间有等无知子弟，与不才奴仆，弄出事来，则须治之以官耳。叔父须戒之，慎勿以吾言为迂也！

注释

[1] 闾里：里巷；平民聚居的地方。

[2] 霄垠：此指天地。

[3] 风四方：使天下四方都受到感化。

[4] 奠苍生：使百姓安居乐业。

[5] 文丞相：指南宋丞相文天祥，吉州庐陵（今江西吉安）人，南宋末大臣。宝祐四年状元及第，官至右丞相，封信国公。于五坡岭兵败被俘，宁死不降。至元十九年，在柴市从容就义。著有《文山诗集》《指南录》《指南后录》《正气歌》等。

[6] 人才之盛，乡党为最：上述欧阳修、文天祥都是吉安人，罗伦的同乡。

[7] 南人：南方之人。

[8] 怂成：怂恿，促成。

[9] 不肆强梁：不逞凶暴。

[10] 不败：不毁坏。

[11] 费置：废置，废弃。

[12] 孤云野鹤，脱洒无系：像野鹤翱翔在云间，自由自在毫无约束。比喻自己心地高洁，不以自己官职的进退为念。

赣州书示四侄正思等

王守仁

导读

这篇《赣州书示四侄正思等》是王守仁巡抚南赣时给侄儿们写的一封家书。文章主旨是教育侄儿们要先立志，即以“仁礼存心，以孝弟为本，以圣贤自期，务在光前裕后”，而不要只是追求功名富贵，向市井之人炫耀。而后王守仁毫不避讳地谈及自己的幼年“无行”，要他们引以为戒。此时他虽然已身居高官，但在教育子弟上没有横加指责，而是循循善诱，他指出“习俗移人，如油渍面”，为的是引起后辈注意。他要求侄儿们读他的《立志说》，至于立什么志，他在文章的开头已然讲了。最后谈到当下的情势，有无奈，也有欣慰，再述自己毕生志向。

作者简介

王守仁(1472—1529)，幼名云，字伯安，号阳明，后人称王阳明，浙江承宣布政使司绍兴府余姚县（今浙江省余姚市）人。明代最著名的思想家、教育家、文学家、书法家、哲学家和军事家，弘治十二年(1499)

进士，官至南京兵部尚书、因平定宸濠之乱等军功而被封为新建伯，隆庆年间追封侯爵，谥号“文成”。

王守仁是陆、王心学的集大成者，非但精通儒、释、道三教，而且能够统军征战，是中国历史上罕见的“立德”“立功”“立言”，集“三不朽”于一身的大儒。后人还将王守仁（心学集大成者）与孔子（儒学创始人）、孟子（儒学集大成者）、朱熹（理学集大成者）并称为孔、孟、朱、王。

近闻尔曹学业有进，有司考校，获居前列，吾闻之喜而不寐。此是家门好消息，继吾书香者，在尔辈矣。勉之勉之！吾非徒望尔辈但取青紫[1]，荣身肥家，如世俗所尚，以夸市井小儿。尔辈须以仁礼存心，以孝弟为本，以圣贤自期，务在光前裕后，斯可矣。吾惟幼而失学无行，无师友之助，迨今中年，未有所成。尔辈当鉴吾既往，及时勉力，毋又自贻他日之悔，如吾今日也。习俗移人，如油渍面，虽贤者不免，况尔曹初学小子能无溺乎？然惟痛惩深创，乃为善变。昔人云：“脱去凡近，以游高明。”此言良足以警，小子识之！吾尝有《立志说》与尔十叔，尔辈可以钞录一通，置之几间，时一省览，亦足以发。方虽传于庸医，药可疗夫真病。尔曹勿谓尔伯父只寻常人尔，其言未必足法；又勿谓其言虽似有理，亦只是一场迂阔之谈，非吾辈急务。苟如是，吾未如之何矣！读书讲学，此最吾所宿好，今虽干戈扰攘中，四方有来学者，吾亦未尝拒之。所恨牢落尘网，未能脱身而归。今幸盗贼稍平，以塞责求退，归卧林间，携尔曹朝夕切磋砥砺，吾何乐如之！偶便先示尔等，尔等勉焉，毋虚吾望。

正德丁丑四月三十日

注释

[1] 青紫：本为古代公卿绶带上的颜色，此处借指高官显爵。

书正宪扇（乙酉）

王守仁

导读

正宪是王阳明的儿子，《书正宪扇》是王阳明写给儿子的一封信，写在一把扇子上。这篇文章短小精悍，只有206个字。王阳明在文章的开头即提醒儿子，人生大病，只是一个“傲”字！人一旦过于骄傲，就会变得自以为是，拒人于千里之外。如果做子女的傲慢，一定会不孝顺；做臣子的傲慢，一定会不忠诚；做朋友的傲慢，则一定会不诚信。圣人舜的弟弟象和尧的儿子丹朱，他们就是因为太傲慢，反而成为碌碌无为甚至穷凶极恶的人，所以应“除此病根，方才有地步可进”。

“傲”的反义词为“谦”。“谦”字便是对症治“傲”的药。为子谦虚，就能做到孝父母；为弟谦虚，就能做到悌兄长；为臣谦虚，就能做到忠君主。尧和舜之所以成为圣人，是谦虚到了至诚的境界，那便是既有内心的诚实、恭敬和谦让，又有外在的温良、谦恭和笃实。并告诫儿子应该以此勉励，遵记教导，千万不要出现像“伯鲁之简”那样的情况！

今人病痛，大段只是傲。千罪百恶，皆从傲上来。傲则自高自是，不肯屈下人。故为子而傲，必不能孝；为弟而傲，必不能弟；为臣而傲，必不能忠。象[1]之不仁，丹朱[2]之不肖，皆只是一“傲”字，便结果了一生，做个极恶大罪的人，更无解救得处。汝曹为学，先要除此病根，方才有地步可进。“傲”之反为“谦”。“谦”字便是对症之药。非但是外貌卑逊，须是中心恭敬，撙节[3]退让，常见自己不是，真能虚己受人。故为子而谦，斯能孝；为弟而谦，斯能弟；为臣而谦，斯能忠。尧舜之圣，只是谦到至诚处，便是允恭克让，温恭允塞也。汝曹勉之敬之，其毋若伯鲁之简[4]哉！

注释

[1] 象：舜的同父异母兄弟。

[2] 丹朱：尧的儿子。

[3] 撙节：抑制；节制。

[4] 伯鲁之简：出自《资治通鉴·周纪》，赵简子有两个儿子，年长的叫伯鲁，年幼的叫无恤。赵简子想要选出继承人，不知道该立谁好。于是写了一篇训诫在两片竹简上，拿给两个儿子说：“要慎重地记住。”过了三年后，他问这兄弟俩，伯鲁已经不能说出上面的话了，问他的竹简哪里去了，他说已经丢失了。问无恤，他背诵训诫很熟练，问他的竹简在哪里，他从袖子中把竹简上呈给赵简子。因此赵简子认为无恤是贤能之人，于是便立他为继承人，这就是赵襄子。

示弟立志说（乙亥）

王守仁

导读

正德九年（1514）秋，王阳明之弟王守文来南京从师于王阳明，于次年夏季返乡之时，他专门与弟弟深谈，弟弟王守文感觉茅塞顿开。但是记不住，央求王阳明写下来，于是便有了《示弟立志说》。

字里行间尽显骨肉至亲之厚意，其言辞恳切，令人动容。该文章也显示出王阳明对于立志的深刻认识。志是一种强大的意念和意志，是体内力量、精神、情绪的统帅。人当有志，如木之有根，水之有源，生命才有了意义。

予弟守文来学，告之以立志。守文因请次第其语，使得时时观省；且请浅近[1]其辞，则易于通晓也。因书以与之。

夫学，莫先于立志。志之不立，犹不种其根而徒事培壅[2]灌溉，劳苦无成矣。世之所以因循苟且，随俗习非，而卒归[3]于污下者，凡以志之弗立[4]也。故程子曰："有求为圣人之志，然后可与共学。"人苟诚有求为圣人之志，则必思圣人之所以为圣人者安在？非以其心之纯乎天理[5]而无人欲[6]之私欤？圣人之所以为圣人，惟以其心之纯乎天理而无人欲，则我之欲为圣人，亦惟在于此心之纯乎天理而无人欲耳。欲此心之纯乎天理而无人欲，则必去人欲而存天理。务去人欲而存天理，则必求所以去人欲而存天理之方。求所以去人欲而存天理之方，则必正诸先觉[7]，考诸古训，而凡所谓学问之功者，然后可得而讲，而亦有所不容已矣。

夫所谓正诸先觉者，既以其人为先觉而师之矣，则当专心致志，惟先觉之为听。言有不合，不得弃置，必从而思之；思之不得，又从而辨之，务求了释，不敢辄生疑惑。故《记》曰："师严，然后道尊；道尊，然后民知敬学。"苟无尊崇笃信之心，则必有轻忽慢易[8]之意。言之而听之不审，犹不听也；听之而思之不慎，犹不思也；是则虽曰师之，犹不师也。

夫所谓考诸古训者，圣贤垂训，莫非教人去人欲存天理之方，若《五经》《四书》是已。吾惟欲去吾之人欲，存吾之天理，而不得其方，是以求之于此，则其展卷[9]之际，真如饥者之于食，求饱而已；病者之于药，求愈而已；暗者之于灯，求照而已；跛者之于杖，求行而已。曾有徒事记诵讲说，以资口耳之弊哉！

夫立志亦不易矣。孔子，圣人也，犹曰："吾十有五而志于学，三十而立。"立者，志立也。虽至于"不逾距"，亦志之不逾距也。志岂可易而视哉！夫志，气之帅也，人之命也，木之根也，水之源也。源不濬[10]则流息[11]，根不植则木枯，命不续则人死，志不立则气昏[12]。是以君子之学，无时无处而不以立志为事。正目而视之，无他见也；倾耳而听之，无他闻也。如猫捕鼠，如鸡覆卵，精神心思凝聚融结，而不复知有其他，然后此志常立，神气精明，义理昭著。一有私欲，即便知觉，自然容住不得矣。故凡一毫私欲之萌，只责此志不立，即私欲便退；听一毫客气之动[13]，只责此志不立，即客气便消除。或怠心生，责此志，即不怠；忽[14]心生，责此志，即不忽；懆心生，责此志，即不懆；妒心生，责此志，即不妒；忿心生，责此志，即不忿；贪心生，责此志，即不贪；傲心生，责此志，即不傲；吝心生，责此志，即不吝。盖无一息而非立志责志之时，无一事而非立志责志之地。故责志之功，其于去人欲，有如烈火之燎毛，太阳一出，而魍魉潜消[15]也。

自古圣贤因时立教，虽若不同，其用功大指无或少异。《书》谓“惟精惟一[16]”，《易》谓“敬以直内，义以方外[17]”，孔子谓“格致诚正，博文约礼[18]”，曾子谓“忠恕[19]”，子思谓“尊德性而道问学[20]”，孟子谓“集义[21]养气，求其放心”，虽若人自为说，有不可强同者，而求其要领归宿，合若符契[22]。何者？夫道一而已。道同则心同。心同则学同，其卒不同者，皆邪说也。

后世大患，尤在无志。故今以立志为说，中间字字句句，莫非立志。盖终身问学之功，只是立得志而已。若以是说而合精一，则字字句句皆精一之功；以是说而合敬义，则字字句句皆是敬义之功。其诸“格致”“博约”“忠恕等说”无不吻合。但能实心体之，然后信予言之非妄也。

注释

[1] 浅近：语言浅显，不深奥。

[2] 培壅（yōng）：培土壅根。壅，用土或肥料培在植物的根部。

[3] 卒归：最终归于。

[4] 弗立：不立。

[5] 天理：天道，自然法则。宋代理学家把封建伦理看作永恒的客观道德法则，称“天理”。

[6] 人欲：人的欲望。

[7] 先觉：事先认识觉察。语出《论语・宪问》：“不逆诈，不亿不信，抑亦先觉者，是贤乎！”

[8] 慢易：怠忽，轻慢。

[9] 展卷：开卷，此指展开书卷。

[10] 濬：疏通，疏。

[11] 息：停止，枯竭。

[12] 气昏：指气质昏浊。

[13] 客气之动：指外物对自身的触动。客气，一时的意气；偏激的情绪。

[14] 忽：粗心，不注意。

[15] 魍魉（wǎng liǎng）：古代汉族神话传说中的山川精怪。潜消：暗中消除。

[16] 惟精惟一：指用功精深，用心专一。

[17] 敬以直内，义以方外：语出《周易・系辞》。敬是立身之道，义是处事之道。这句话可以简浅地解释为：以敬畏之心匡正内心，以义德规范外在的行为。

[18] 格致诚正，博文约礼：格物致知，诚意正心，广博知识，受礼仪约束。

[19] 忠恕：中国儒家伦理范畴，处理人与人之间关系的原则。“忠”，尽

力为人谋，中人之心，故为忠；“恕”，推己及人，如人之心，故为恕。

[20] 尊德性而道问学：既要尊重德性，又要讲求学问。道，学习，研究。

[21] 集义：指积善。谓行事合乎道义。《孟子·公孙丑上》：“其为气也……是集义所生者，非义袭而取之也。”

[22] 符契：符合。

杨椒山家训

杨继盛

导读

这篇家训由杨继盛临刑前写给妻子张贞及儿子应尾、应箕的两封家书组成。在家书中，杨继盛一方面嘱托妻子不要因自己去世就轻言殉死，而是要以儿女为重，教导他们成人。另一方面谆谆告诫儿子要做一个好人：一是要求他们要树立远大志向；二是主张读书要做到知行合一；三是强调与人相处，要谦下诚实。此书虽成于临终前一日，但表达从容，如同拉家常一般，且一气呵成，并无一字涂改，足见其平时之操行和涵养，所以深受后人推重。清人陈宏谋则评价说："椒山先生弹劾奸邪，身蹈不测，于造次颠沛之中，从容暇豫，训诫后人，从容详尽，足见其至性肫笃，操持坚定，在国在家，无以异也。其所言居家行己之道，字字从天理人情中体验而出，洵可为居家者法。"

作者简介

杨继盛（1516—1555），明代著名忠臣、谏臣，字仲芳，号椒山，直隶容城（今河北容城县北河照村）人。嘉靖二十六年（1547），杨继盛登进士第，初任南京吏部主事，师从南京吏部尚书韩邦奇。后官兵部员外郎，因上疏弹劾仇鸾开马市之议，被贬为狄道典史。其后被起用为诸城知县，迁南京户部主事、刑部员外郎，调兵部武选司员外郎。嘉靖三十二年（1553），上疏力劾严嵩“五奸十大罪”，遭诬陷下狱。在狱中备经拷打，终于嘉靖三十四年（1555）遇害，年40岁。明穆宗即位后，以杨继盛为直谏诸臣之首，追赠太常少卿，谥号“忠愍”。清顺治帝曾称赞说：“朕观明有二百七十年，忠谏之臣往往而有，至于不为强御，披膈犯颜，则无如杨继盛。而被祸惨烈，杀身成仁者，亦无如杨继盛。”后人以其故宅改庙以奉，尊为城隍。有《杨忠愍文集》传世。

父椒山谕应尾应箕两儿

人须要立志。初时立志为君子，后来多有变为小人的。若初时不先立下一个定志，则中无定向，便无所不为，便为天下之小人，众人皆贱恶你。若发愤立志要做个君子，则不拘做官不做官，人人都敬重你。故我要你第一先立起定志来。

心为人一身之主，如树之根，如果之蒂，最不可先坏了心。心里若是存天理，存公道，则行出来便都是好事，便是君子这边的人；心里若存的是人欲，是私意，虽欲行好事，也有始无终，虽欲外面做好人，也被人看破，你如根衰则果枯，蒂坏则果落。故我要你休把心坏了。

心以思为职。或独坐时，或夜深时，念头一起，则自思曰：这是好念，是恶念？若是好念，便扩充起来，必见之行；若是恶念，便禁止勿思。方行一事，则思之，以为此事合天理不合天理。若是不合天理，便止而勿行；若是合天理，便行。不可为分毫违心害理之事，则上天必保护你，鬼神必加佑你，否则天地鬼神必不容你。你读书，若中举、中进士，思我之苦，不做官也是。若是做官，必须正直忠厚，赤心随分报国，固不可效我之狂愚，亦不可因我为忠受祸，遂改心易行，懈了为善之志，惹人“父贤子不肖”之笑。

我若不在，你母是个最正直不偏心的人，你两个要孝顺他。凡事依他，不可说你母亲向那个儿子，不向那个儿子，向那个媳妇，不向那个媳妇。要着他生一些儿气，便是不孝，不但天诛你，我在九泉也摆布你。

你两个是一母同胞的兄弟，当和好到老，不可各积私财，致起争端。不可因言语差错，小事差迟[1]，便面红耳赤。应箕性暴些，应尾自幼晓得他性儿的，看我面皮，若有些冲撞，担待他罢。应箕敬你哥哥，要十分小心，合敬我一般的敬才是。若你哥计较你些儿，你便自家拜跪，与他赔礼。他若十分恼不解，你便央及你哥相好的朋友劝他，不可他恼了，你就不让他。你大伯这样无情的摆布我，我还敬着他，是你眼见的，你待你哥，要学我才好。

应尾媳妇是儒家女[2]，应箕媳妇是官家女，此最难处。应尾要教导你媳妇爱弟妻如亲妹，不可因他是官宦人家女，便气不过，生猜忌之心。应箕要教导你媳妇敬嫂嫂如亲姐，衣服首饰，休穿戴十分好的，你嫂嫂见了，口虽不言，心里便有几分不耐烦，嫌隙[3]自此生矣。四季衣服，每遇出入，妯娌两个是一样的，兄弟两个也是一样的。每吃饭，你两个同你母一处吃，两个媳妇一处吃，不可各人合各人媳妇自己房里吃，久则就生恶了。

你两个不拘有天来大恼，要私下请众亲戚讲和，切记不可告之于官。要是一人先告，后告者把这手卷送之于官，先告者即是不孝，官府必重治他。央及你两个，好歹与我长些志气。再预告问官[4]老先生，若见此卷，幸怜我苦情，教我二子，再三劝诱，使争而复和，则我九泉之下，必有衔结之报[5]。

你堂兄燕雄、燕豪、燕杰、燕贤，都是知好歹的人，虽在我身上冷淡，却不干他事。俗语云：好时是他人，恶时是家人。你两个要敬他、让他。祖产分有未均处，他若是爱便宜，也让他罢，切记休要争竞，自有傍人话短长也。

你两个年幼，恐油滑人见了，便要哄诱你。或请你吃饭，或诱你赌博，或以心爱之物送你，或以美色来诱你。一入他圈套，便吃他亏，不惟荡尽家业，且弄你成不的人。若是有这样人哄你，便想我的话，来识破他合你好是不好的意思，便远了他。拣着老成忠厚、肯读书、肯学好的人，你就与他肝胆相交，语言必信，逐日与他相处，自然成个好人，不入下流也。

读书见一件好事，则便思量我将来必定要行；见一件不好的事，则便思量我将来必定要戒。见一个好人，则思量我将来必要学他一般；见一个不好的人，则思量我将来切休要学他。则心地自然光明正大，行事自然不会苟且[6]，便为天下第一等人矣。

习举业只是要多记、多作。《四书》本经记文[7]一千篇，读论一百篇，策[8]一百问，表[9]五十道，判语[10]八十条。其余功惟熟读《五经》《周礼》《左传》，好古文读一二百篇。每日作文一篇，每月作论三篇，策二问。切记不可一日无师傅。无师傅则无严惮[11]，无稽考[12]，虽十分用功，终是疏散，以自在故也。又必须择好师，如一师不惬意，即辞了另寻，不可因循迁延，致误学业。又必择好朋友，日日会讲切磋，则举业不患其不成矣。

居家之要，第一要内外界限严谨。女子十岁以上，不可使出中门；男子十岁以上，不可使入中门。外面妇人，虽至亲，不可使其常来行走，一以防说谈是非，致一家不和；一以防其为奸盗之媒也。只照依我行便是。院墙要极高，上面必以棘针缘的周密，少有缺坏，务要追究来历。如夏间霖雨，院墙倒塌，必即时修起。若雨天不便，亦即时加上寒篱，不可迁延日月，庶止奸盗之原。酒肉面果、油盐酱菜，必总收一库房；五谷粮食，必总收一仓房。当家之人，掌其锁钥，家人不得偷盗。衣服要朴素，房屋休高大，饮食使用要俭约，休要见人家穿好的衣服便要做，住好房屋便要盖，使好家伙便要买，此致穷之道也。若用度少有不足，便算计可费多少，即卖田产补完，切记不可揭债。若揭债，则日日行利，累得债深，穷的便快。戒之，戒之！

田地四顷有余，够你两个种了，不可贪心，见好田土又买。盖地多则门必高，粮差必多，恐至负累，受县官之气也。

与人相处之道，第一要谦下诚实，同干事则勿避劳苦，同饮食则勿贪甘美，同行走则勿择好路，同睡寝则勿占床席。宁让人，勿使人让我；宁容人，勿使人容我；宁吃人亏，勿使人吃我之亏；宁受人气，勿使人受我之气。人有恩于我，则终身不忘；人有仇于我，则即时丢过。见人之善，则对人称扬不已；闻人之过，则绝口不对人言。人有向你说，某人感你之恩，则云他有恩于我，我无恩于他，则感恩者闻之，其感益深。有人向你说，某人恼你谤你，则云彼与我平日最相好，岂有恼我谤我之理？则恼我者闻之，其怨即解。人之胜似你，则敬重之，不可有傲忌之心；人之不如你，则谦待之，不可有轻贱之意。又与人相交，久而益密，则行之邦家，可无怨矣。

我一母同胞见在者四人，你大伯、二姑、四姑及我。大伯有四个好子，且家道富实，不必你忧。你二姑、四姑俱贫穷，要你常看顾他，你敬他合敬我一般。至于你五姑、六姑，你不可视之如路人也。户族中人有饥寒者、不能葬者、不能嫁娶者，要你量力周济，不可忘一本之念，漠然不关于心。

我家系诗礼士夫之家，冠、昏、丧、祭，必照《家礼》[13]行。你若不知，当问之于人，不可随俗苟且，庶子孙有所观法。

你姐是你同胞的人，他日若富贵便罢，若是穷，你两个要牢实供给照顾他。你娘要与他东西，你两个休要违阻。若是有些违阻，不但失兄弟之情，且使你娘生气，又为不友，又为不孝。记之，记之！

杨应民是我自幼抚养他成人，你日后与他村里庄窠[14]一所，坟左近地与他五十亩。他若公道，便与他；若有分毫私心，私积钱财，房子、地土都休要与他。曲铖他若守分，到日后与他地二十亩、村宅壹小所；若是生事，心里要回去，你们就合两个丈人商议，告着他原是四两银子买的他，放债一年，银一两得利六钱，按着年问他要，不可饶他。恐怕小厮们照样儿行，你就难管。福寿儿、甲首儿、杨爱儿，都是监中伏侍我的人，日后都与他地二十亩、房一小所。以上各人，地都与他坟左近的，着他看守坟墓，许他种，不许他卖。

覆奏本[15]已上，恐本下急，仓卒之间，灯下写此，殊欠伦序。然居家做人之道，尽在是矣。拿去你娘看后，作一个布袋装盛，放在我灵前桌上。每月初一、十五，合家大小位前拜过了，把这手卷从头至尾念一遍，合家听着，虽有紧要事也休废了。

嘉靖三十四年十月二十六日，椒山子书于福堂，付应尾、应箕两儿藏好。

注释

[1] 差迟：差错。

[2] 儒家女：读书人家的女儿。

[3] 嫌隙：因猜疑或不满而产生的恶感。

[4] 问官：掌握审讯的官员。

[5] 衔结之报："衔环结草"来报恩。结草与衔环都是古代报恩的传说。前者讲一个士大夫将其父的爱妾另行嫁人，不使殉葬。爱妾已死去的父亲为替女儿报恩，将地上野草缠成乱结，绊倒恩人的敌手而使其取胜；后者讲有个孩子挽救了一只受困黄雀的性命，黄雀衔来白环四枚，声言此环可保恩人世代洁白，身居高位。

[6] 苟且：为了眼前的利益，做出违背本心、违背道德、违背律法的事。

[7] 本经记文：阐发儒家经书旨意的八股文。

[8] 策：古代称应试者对答的文字为策。

[9] 表：一般指臣下对皇上所上的表章。

[10] 判语：科举考试的内容之一，指考生对"疑事"所下的断语。

[11] 严惮：此处代指敬畏之心。

[12] 稽考：指弄清知识的来龙去脉。

[13]《家礼》：专论家庭礼仪的书，一般认为是宋代朱熹所著。

[14] 庄窠（kē）：房屋。

[15] 覆奏本：指对杨继盛一案的终审判决意见奏书。

愚夫谕贤妻张贞

古人云：死有重于泰山，死有轻如鸿毛。盖当死而死，则死比泰山尤重；不当死而死，则死无益于事，比鸿毛尤轻。死生之际，不可不揆[1]之于道也。我一时间死在你前头，你是一个激烈粗暴的性子，只怕你不晓得死比鸿毛尤轻的道理，我心甚忧，故将这话劝你。妇人家有夫死就同死者，盖以夫主无儿女可守，活着无用，故随夫亦死。这才谓之当死而死，死有重于泰山，才谓之贞节。若夫主虽死，尚有幼女孤儿无人收养，则妇人一身，乃夫主宗祀命脉，一生事业所系于此。若死，则弃夫主之宗祀，隳[2]夫主之事业，负夫主之重托，贻夫主身后无穷之虑，则死不但轻于鸿毛，且为众人所唾骂，便是不知道理的妇人。

我打一百四十棍不死，是天保佑。我那时不死，如今岂有死的道理！万一要死，也是重于泰山了。所惜者，只是两个儿子尚幼，读书俱有进益，将来都成的，只怕误了他。一个女尚未出嫁，无人教导看管，怕惹人嗤笑。我就死了，留的你在，教导我的儿女成人长大，各自成家立计，就合我活着的一般。我在九泉之下，也放心，也欢喜，也知感你。如今咱一家儿，无有我也罢了，无有你，一时成不的，便人亡家破，称了人家的愿，惹人家的笑。你是一个最聪明知道理的，何须我说？千万只是要你戒激烈的性子，以我的儿女为重方可。咱哥虽无道理，也无别意，不过只是要便宜心肠。凡事让他些，与他便宜，他就欢喜了，不可与他争竞。二姐、四姐，必要你长看顾他。五姐、六姐，庶母死后也要亲近他。应民自幼养活他一场，也须分与他些地土。其余家事，谅你能善处。我又说在后面，故不须多言。

注释

[1] 揆：揣测。

[2] 隳（huī）：毁坏；崩毁。

许云邨贻谋 [1]

许相卿

导读

本书是许相卿撰写的一部垂示其后人的家训，分为《家则》《学则》《祠则》《墓则》四部分。本篇当是四篇中的《家则》篇，流传最广、影响最大。此篇又分为宗祠、蒙养、慎习、礼俭、德量、亲睦、保家、治生、内则、劝戒、仕宦、恤下（末附“家职”）等类目进行阐述，尤其是对于子弟一生成长阶段教育的论述最为详细，也最受后人称道。如许相卿认为对于幼儿要及早教育，并注意良好规范的养成。而对于成年子弟，尤其是仕宦子弟，则强调要树立忠君报国之志。其次，要根据子弟资质的差异，采取不同的教育方法。此外，强调无论是做人还是治家都不能因循守旧，而要因时而变。他还指出：“平居寡欲养身，临大节，当达生委命。治生量入节用，徇大义，当芥视千金之产。”所以清代周中孚评价说：“所言事理切中肯綮，真无忝‘贻谋’之称。”

作者简介

许相卿（1479—1557），字伯台。海宁袁花人（今海宁市治硖石镇东南）。明正德十二年（1517）进士。嘉靖时授兵科给事中。许相卿为给事中三年，所上疏的言论世宗都不认可，于是便称病回归故里。因为喜欢盐邑紫云村山水形胜，于是迁家到这里，居住在村南的茶磨山，植树引泉，疏畦艺茗，谢客隐居30余年，自号云村老人。许相卿曾偕孙一元等人泛舟南北湖上，说："昔青莲居士与张渭游汉阳湖，遂改名'郎官'，公今至此，可名高士湖。"所以南北湖又称高士湖。许相卿课徒、耕种力食之余，经常骑着黄牛犊、戴着斗笠、披着蓑衣行走在山间以"觅句"为乐。他曾冒大雪上云岫山顶赋诗，其后屡拒出仕，清名益高。著有《史汉方驾》《革朝志》《良方辑要》《校正海昌续志》《云村文集》等。

治家先分严，而后教行。家人所以吉嗃嗃、吝嘻嘻也。[2]

大宗祠堂，子孙水木本源之地，谒必恭敬，祭必诚敬。如或苟且怠玩，自非先人肖子[3]。礼成，会馂[4]，敦亲睦，议赡恤，讲治生，程教子，劝善规过，绝毋齿及一切人过恶阴私。

大宗子有君道，合宗亲疏长幼，皆宜依向推崇，匡导卫翊，[5]吉凶必谘[6]，宴会必先，百世永敦[7]强干弱枝之义。宗子尤当为世祀，家声自重，强学厉行，动必由礼，抗颜[8]守则，以倡宗人。

古者教道贵豫[9]，今来教子宜自治教始。妇妊子者，戒过饱，戒多睡，戒暴怒，戒房欲，戒跛倚[10]，戒食辛热及野味；宜听古诗，宜闻鼓琴，宜道嘉言善行，宜阅贤孝节义图画，宜劳逸以节，动止以礼，则生子形容端雅，气质中和。及婴孩怀抱，毋太饱暖，宁稍饥寒，则肋骨坚凝，气岸精爽；毋饰金银珠玉绮绣，以导侈侈[11]，以召戕[12]贼。及能言能行能食，时良知端倪[13]发见，便防放逸。故孔子曰："蒙以养正，圣功也。[14]”言，常教毋诳；行，常教后长；食，常教让美取恶；衣，常教习安布素[15]，禁羡华丽。及就傅时[16]，知慧日长，须防诱溺，慎择严正童子师，检约以洒扫应对，进退仪节，勿应虚文故事。一皆身教，躬习倡之，俾[17]自有乐然趋命，跃然代劳意。

教子弟必慎择师友，待师友当备尽诚敬。贤达，远必资遣[18]游从，近令恭勤延访。后生常亲礼法士，熟闻道义言，渐染熏蒸，日与之化，忽不自知其入于高明矣。非类交游[19]，痛惩严禁。

生子质敏才俊，可忧勿喜，便思豫加检防。痛抑文艺辩给[20]，只令学礼读书，陶习谦晦，慎厚性情[21]，禁绝浮夸傲诞者游处。如此十许年，庶成美器，否则取祸及亲可惧之，患非一。

士幼而绩学业，以尧舜君民为患。壮而入仕，固当不论崇卑，一以廉恕忠勤，报国安民。为职持此，黜谪[22]何愧？如或贪酷阿纵，负国辱家，贵显只重[23]罪愆，合宗告祀削谱[24]，勿齿于族。

子弟性资拙钝，莫将举业久担，早令练达公私百务，大都教子正是要渠[25]做好人，不是定要渠做好官。农桑本务，商贾末业，书画医卜皆可食力资身。人有常业，则富不暇为非[26]，贫不至失节。但皆不可不学，以延读书种子。惟不可入僧道，不可作书筭手[27]，毋充门隶，毋作媒人，毋作中保人，毋为赘婿[28]，毋后异姓。

男女议婚，须及婿妇成童上下，拟人品于其家法，占性行于其父母兄弟。凡属刑残乱逆、势要富豪、世有恶疾者，勿议。儒素衣冠，量宜成约。惟尽礼，毋徇俗，毋论财。

妇来三月内，女生八岁外，授《女教》《列女传》，使知妇道。然勿令工笔札、学诗词。

男十岁，勿内宿；女七岁，勿外出。

凡子事父老，必立侍，暑必具衣[29]。事诸父，未冠婚勿侍坐。盖父子分不可狎[30]，狎则慢，然恩不可简，简则疏。闺门之内，肃如尔，恳如尔。

主妇职在中馈[31]，烹饪必亲，米盐必课，勿离灶前。女妇日守闺阁[32]，躬身纺织，至老勿踰内门。下及侍女，亦同约束。如有恣性越礼，游山上冢，赛神烧香，炫露体面，殊非士族家法，子孙必泣谏之，父兄丈夫必痛遏之。

家人离，多由妇人；妇人离，多由黠婢[33]。妇勿听婢语，男勿惑妇言，雍睦[34]其可以渐敦已夫。

毋养幼妇，毋赘女婿。

妾有无子女，勿容持家事、掌家财。

仆婢传言，出入内门，年及十二，更以少者。

尼、媪、牙、媒婆、唱词妇[35]，秽行邻妇，勿容入室。

吾家书生门户，世无大富贵，抑思神害过盈，物忌太盛。[36]后人婚姻不可慕势利，仕宦不得过金紫[37]，才拟便思引退。奴婢勿出百人，良田勿踰十顷，畜财及万，以拟吉凶缓急；不啻此，以义散其余；不及此，勿以非义求其足。

谚有之曰："富贵怕见开花。"此语殊有意味。言已开则谢，适可喜正可惧尔。今有方值丰亨[38]，便生骄溢，喜筵庆，赏过饰，婚丧伎乐声容沸腾倾动，仆器服食[39]，珍丽整齐，胜绝乡邦，光映门户，盖是谓已夫。无德富贵，谓之不祥，宜急惧思，何暇夸侈。[40]其他凡属逞炫，咸此类耳。子孙有是，真恶消息，亟加敛仰，差缓败倾。又若约而为泰[41]，时屈举赢，则旦夕覆亡之道也。

内外服食淡素，怕存儒酸气味。在常，服葛苎卉褐[42]、土绢绵细；

非婚祭公朝，不衣罗纨绮縠[43]。常食，早晚菜粥，午食一肴。非实祭老病，不举杯，不重肉。少未成业，酒毋入唇，丝毋挂身。

注释

[1] 贻谋：出自《诗经·大雅·文王有声》："诒厥孙谋，以燕翼子。"贻同诒，后以"贻谋"指父祖对子孙的训诲。

[2] 家人所以吉嗃嗃（hè）、吝嘻嘻也：《周易·家人》一卦，认为："家人嗃嗃，悔厉，吉。妇子嘻嘻，终吝。"意思是说，治家怀忧患意识虽有灾祸，也能终成善果。反之，家中妇女与孩子整日笑呵无常，无所操心，终将罹难。嗃嗃，严酷的样子。嘻嘻，嘻笑的样子。

[3] 肖子：在志趣等方面与其父一样的儿子。肖，像。

[4] 馂（jùn）：通"餕"，熟食。

[5] 大宗子有君道，合宗亲疏长幼，皆宜依向推崇，匡导卫翊：此四句意为，如果大宗之子有君主风范，则全族远近亲族的年长、年少之人都应依向推崇，年长之人匡扶引导、辅助相帮。翊，辅助。

[6] 谘：同"咨"；征询，商议。

[7] 敦：古代汉族的食器，在祭祀和宴会时放盛黍、稷、稻、粱等作物。

[8] 抗颜：正色。指态度严正。

[9] 豫：同"预"。

[10] 跛（bì）倚：一只脚站立。

[11] 衒侈：炫耀财富，奢侈无度。

[12] 戕（qiāng）：残杀，杀害；

[13] 良知：儒家谓人类先天具有的道德意识。端倪：头绪。

[14] 蒙以养正，圣功也：出自《周易·蒙卦第四》。意为，启蒙是为了培养纯正无邪的品质，这是圣人的成功之路。

[15] 言，常教毋诳……布素：此四句意为，说话，不要教孩子说谎；走路要教给孩子让长者先行；吃饭，要让孩子知道把美食让给他人，把不好的留给自己；穿衣，要教给孩子懂得穿着朴素。

[16] 及就傅时：等到开始接受教育之时。傅，传授。就傅，接受教育。

[17] 俾（bì）：使。

[18] 资遣：出资派遣。

[19] 非类交游：与不正当的人交往。

[20] 辩给：本指口才敏捷，此指言谈的内容。

[21] 陶习谦晦，慎厚性情：熏陶好的习惯，养成低调谦虚的品格，使性情变成得谨慎、敦厚。

[22] 黜谪（chù zhé）：贬谪。

[23] 只重：只会加重。

[24] 告祀：一般指族长到家族的祠堂中向祖上陈述族内发生的大事，或个别有辱家族声望的特殊事件。削谱：一般指子孙贪赃枉法，辱没家风的，或者伤天害理，屡教不改的，予以削谱，开除族籍。

[25] 渠：他。

[26] 不暇为非：没有空闲胡作非为。

[27] 书筭（suàn）手：古代一种类似会计类的职业。筭，同“算”。计算，谋划。

[28] 赘婿：亦作“赘壻”。指就婚、定居于女家的男子。

[29] 具衣：穿戴整齐。

[30] 狎（xiá）：亲近而态度不庄重。

[31] 中馈：指家中供膳诸事。

[32] 闺阁：内室，亦特指妇女居住的地方。

[33] 黠婢：狡猾的奴婢。

[34] 雍睦：和谐。

[35] 尼、媪：尼姑。牙、媒婆：指牙婆和媒婆。牙婆，是以贩卖胭脂、花粉又居中介绍买卖为职业的妇女。唱词妇：指弹琴卖唱的妇女。

[36] 抑思神害过盈，物忌太盛：抑或有时思考，天地鬼神都是窥觑加害那些骄慢过盈之人，造物主都是忌惮过于繁盛的事物。

[37] 金紫：此指高官。

[38] 丰亨：富厚顺达。

[39] 仆器服食：指仆人、器物、衣服、饮食。

[40] 宜急惧思，何暇夸侈：此句意为，应当抓紧时间，紧张地进行思考，哪还有闲暇去夸耀自家的富足奢侈。

[41] 约而为泰：贫乏而装作饱满。

[42] 葛苎卉褐：用葛苎等植物织成的衣服。

[43] 罗纨绮縠（hú）：都是丝绸制品。縠，有皱纹的纱。

器用但取坚整，舟舆鞍辔[1]但致远重，勿竞雕巧绚丽，以乖素风[2]。

祖传琴书故物，慎勿轻视奸贪人。

病求良医，毋计小费，远劳而轻遗[3]，体地访精术。毋惑星卦克应[4]而贻隐祸。

平居寡欲养身，临大节当达生[5]，委命治生，量入节用，徇大义当芥视[6]千金之产。

以吝为俭，以刻为严，以谄为让，以傲惰为厚重，以猥黠[7]为聪明，经阘茸[8]为宽大，何啻千里！

暴慢危亲，干谒[9]辱身，夸己长可耻，幸人灾不仁。能忍事乃济，有容德乃大。古言：“大丈夫当容人，毋为人所容”，“人有不及，可以情恕，非意相干[10]，可以理遣”。达识[11]名言，书绅顾諟[12]可也。

韩魏公曰：“内刚不可屈，而处处之以和，事无不济。”试思处事，著力全不在面皮上。

歌舞俳优、鹰犬虫豸[13]、剧戏烟火，一切禁绝。虽乐宾怡老娱病，亦永勿用，以杜赌博、奸盗、争讼、焚荡之隙，且防小子眩惑耳目，蛊荡志习，荒废学业。后患犹未易殚言。

家有好赌、好淫、好酒、好烧炼黄白[14]、好造作风水、好妖妄技术、好奸欺书算、好逞势专利、好狠斗健讼、好交结官府、好竞胜土木[15]，凡丧德败家者，家长先痛绝其端，于长泣谏[16]，于少切责，务须委曲开喻，诚恻感动。

姻亲馈遗，岁只一往，渠[17]来，亦只一受，再必却之。庆弔有事勿拘。

亲旧借贷，须只量力捐助，以尽吾心，勿出本图利，以生后隙。孤嫠婚丧诬枉困甚者[18]，尤必恳恻援济。能凉约[19]而矫情市名，丰余而观衅[20]啬，施皆非理也。但能施，慎毋德色[21]，为鄙丈夫。

燕[22]会亲宾，物意务必雅洁，殷勤致其诚敬。然勿强以酒，使之失言丧仪成疾，侮薄孰甚焉[23]。欢洽劝侑[24]，令子姓考[25]钟鼓，歌古诗为乐。近世淫声，悉屏不用。于凡嘉事[26]皆然。

毋以小嫌而疏至亲，毋以新怨而忘旧恩。

邻里岁时馈燕[27]，急难贷恤[28]，必洽欢尽诚。

秋成谷贱，量家余力，籴[29]若干千担别储，遇歉时，价粜存籴[30]，本。以羡贷乡邻之饥乏者，券约丰偿，免息[31]，连歉，则屏期[32]候丰。不费之惠也。

宁人欺，毋欺人；宁人负，毋负人。

衰荣无常，彼此更共，本由天运。如此富贵，在我者何足骄？在人何可妒？妒与竞，于彼何损？徒自坏心术、长过恶耳！若夫处世为大丈夫，造道为圣贤，此则由我，不可让人，性均一，天地。当思与人同归于善，情均一，人也。当思使人同遂其欲，德与人同，福与人同。蘧伯玉[33]耻独为君子，范希文[34]先忧后乐，允矣，圣贤之徒与。

古称“三家村[35]亦有小人”，当思处之之道。只勿与校[36]而渐以理屈之。张子韶[37]谓：“与小人居，常自检点。”司马温公曰：“君子所以感人，其惟诚乎！”范文正公曰：“言欲逊，逊免祸；行欲严，严远侮。”皆当三复力行。

善作家[38]者，闭门而为生之具足。

古称：“受恩多，难立朝。”居乡亦难立身，要须勤俭资身，以免求人。至于子弟，但未冠婚成材，勿容一钱尺帛，以惯浪费。

陆梭山先生曰：古制，国用期九年余三年之食。今家计亦当量入为出，然后用度有准，丰俭得中，怨谦[39]不生，子孙可守。每岁约计耕桑艺畜佃租所入，除粮差种器酒醋油酱外，所有若干，以十分均之，留三分为水旱不虞[40]，七分均十二月，有闰加一。取一月约三十分，日用其一，可余不可尽，用七为中，五欠为啬。计余置籍，以供裘葛，修墙屋，备医药，充庆弔，时节馈遗。又余，周族邻，赈贫贤，恤孤嫠，给佃人，修桥梁诸义事。若产少用广，但当一味节啬不可，侵用次日之物，多难补，渐至困急，诸如前所云，一切不讲免，致于求亲旧，以增过失，责望故素[41]以生怨尤，负讳通借以招耻辱。所谓存十之三分者，不能，则存二分，不能，则存一分，又不能，则苦身节用，稍存赢余，然后家可长久，不然，一旦不虞，必遂破家矣。所谓一切不讲者，非绝其事，但不能以财为礼耳。如弔丧，则先往后罢为助。宾客，则煮茗清谈而已。奉亲最重也，啜菽饮水[42]，尽其欢。送终最大也，敛手足形[43]还葬，悬棺而封。祭祀最严也，蔬食菜羹，致其敬。凡事皆然，则理何歉？我何愧？而家可永保矣！

男姓耕，悉课农圃，主人身倡之。女姓机，悉课蚕织，主妇身先之。风土气候必乘，种性异宜必审，种植耕耨必深，沃瘠培灌必称，芟草去虫必数，壅溉[44]修剪必当必时，程督[45]必详，勤惰必察。此民生第一务。周人王业肇基于此。桑拓、果蔬、牲畜，择人分任，置籍记功，务课日益，怠必罚，废则更之。

田地近凶狡人，亟须托故易之。邻田接畛[46]，却毋设心计取。

户毋受寄，田地，至戒！但力己业，及时输官。昔人，非田畜所生，不衣食，赋税未输，不宴乐，厉志畏法，所当师也。

埋没粮税，利己损人，隐匿遗患，天怒神谴，必积余殃。吾有所试矣，戒之禁之。

逋租[47]及时勒索，勿改过时起息。

出责[48]一券毋过十金，收息一斗毋过三分。

毋受投献子女物产。

蠹家莫甚冗食[49]。家众，勿容游手，仆婢虽供给使令者，有课视专职者，最减分数耳。童男女十许岁，度力分授薙[50]牧扫绩，毋令惰旷，期于各食其力。此人理当然，亦天道宜尔。

过房未配男女，给夏衣帐，不过四月望，给冬衣被絮，不过十月朔。只御寒暑，禁饰鲜耀。

家众，训习训谨，绝毋容怙挟亢侮一应人[51]。

毋教家人一切手艺。

仆婢罪非奸盗，杖责毋至二十。狡悍难制者，宜即放绝，亦毋严刑。

一应臧获[52]，亦人子也，宜常恤其饥寒，节其劳苦，疗其疾痛，时其配偶，情通如父子，势应如臂指，我则广吾仁心，而彼竭其情力矣。

刘忠宣公曰："事上使下，皆当主之以诚，行之以恕。"恕体其情而诚以动之，将无人不可感，无事不可为。

岁暮，合族祭毕而馂。长者命少者读则一遍，众立听毕，序坐。守身持家有不如则者，众相规警，已亟惩艾犹可图善其后，否则甘蹈颠覆，徒费话言，安事家则者也夫。

家传田地山林界限，户籍税粮数目，租债银米杂货廪藏积贮，宾师官府婚丧修造费用，应酬机宜轻重缓急，皆须主人心目一一经历酌量，延访处置，帮以亲信诚慎一人。主人定须每月之晦[53]亲自查算一番，稽考关防，勿令幼子专擅，勿容内人干预。若夫世业书艺耕织，素有定规，略具家则，但一应子孙家众，必须主人禁其交结官府，包揽钱粮，此乃破家辱先之根，虽贫至乞食，亦莫为此。至戒，至戒！此主人一身切要之职也。

注释

[1] 舟舆（yú）鞍辔（pèi）：借指交通工具。舟舆，船和车。鞍辔，鞍子和驾驭牲口的嚼子、缰绳。

[2] 素风：纯朴的风尚，清高的风格。

[3] 毋计小费，远劳而轻遗：不要计较小的费用而跑到远处求医，而将近处的大夫轻易的错过。

[4] 星卦克应：意指占卜算卦。克应，周易中利用干支的生克刑害等关系演绎出一种卦相与信息。

[5] 达生："达"指通晓、通达，"生"指生存、生命，"达生"，就是通达生命的意思。

[6] 芥视：视若草芥。

[7] 儇（xuān）黠：巧佞狡黠。

[8] 阘（tà）茸：庸碌低劣。

[9] 干谒：为某种目的而求见（地位高的人）。

[10] 非意相干：不要意气用事，恶意相犯。

[11] 达识：富于才干、识见。亦指富于才干、识见者。

[12] 书绅：把要牢记的话写在绅带上。后亦称牢记他人的话为书绅。语出《论语·卫灵公》："子张书诸绅。"邢昺疏："绅，大带也。"顾諟（shì）：指敬奉、禀顺天命。《书·太甲上》："先王顾諟天之明命，以承上下神祇。"

[13] 鹰犬虫豸（zhì）：鹦鹉、鹁鸽、斗鸡、促织之类。

[14] 黄白：指迷恋道家方士烧炼丹石而点化金银之术。

[15] 好竞胜土木：好在土木工程上和他人争优劣好坏。

[16] 家长先痛绝其端，于长泣谏：家长要先严厉地从根源上将其杜绝，然

后要多多进行规劝。

[17] 渠：他，他们。

[18] 孤嫠婚丧诬枉困甚者：孤儿寡妇，新婚丧偶，被人诬陷，穷困潦倒的人。孤嫠（lí），孤儿寡妇。

[19] 凉约：薄德之举。

[20] 观衅：探察对方的破绽、漏洞。

[21] 德色：自以为对人有恩德而表现出来的神色。

[22] 燕：通“宴”。

[23] 侮薄孰甚焉：哪有比这种欺侮轻薄更厉害的呢？

[24] 劝侑（yòu）：谓劝人喝酒、吃饭。

[25] 考：撞击。

[26] 嘉事：嘉礼，是饮宴婚冠、节庆活动方面的礼节仪式。嘉，美、善的意思。

[27] 馈燕：馈送。燕，通“宴”，宴请。

[28] 贷恤：赈施抚恤。

[29] 籴（dí）：买进粮食，与“粜”相对。

[30] 遇歉时，价粜（tiào）存籴：遇到歉收的年景，按时价卖出之前买进的粮食。粜，卖粮食。

[31] 本以羡贷乡邻之饥乏者，券约丰偿，免息：将剩下的粮食借贷给饥困无粮的乡邻，和他们签下契约等到丰收时再来偿还，不收取利息。羡，剩余。券，契据。偿，偿还。

[32] 屏期：延长期限。

[33] 蘧（qú）伯玉：蘧瑗，字伯玉，谥成子。春秋时期卫国大夫。封“先贤”，奉祀于孔庙东庑第一位。年五十而知四十九年之非，为后人所赞。

[34] 范希文：范仲淹。

[35] 三家村：指乡间人居寥落的地方。

[36] 校：相比较。

[37] 张子韶：名九成，号无垢居士，南宋钱塘人。理学家杨时弟子，绍兴进士，历官著作郎、权礼部侍郎等。著《横浦集》。

[38] 作家：治家。

[39] 谯：痛恨而有怨言。

[40] 不虞：指出乎意料的事。

[41] 故素：平白。

[42] 啜菽饮水：饿了吃豆羹，渴了喝清水。形容生活清苦。啜，吃。菽，豆类。

[43] 敛手足形：《礼记·檀弓下》："敛手足形，还葬而无椁，称其财，斯之谓礼。"敛手足形，指亲亡但以衣棺盛敛其头首及足，使形体不露。敛，通"殓"。

[44] 壅溉：施肥、浇水。

[45] 程督：计量考核，督察。

[46] 畛：田间小路。

[47] 逋租：欠租。

[48] 出责：放债。责，通"债"。

[49] 蠹家莫甚冗食：危害家庭莫过于养太多吃闲饭的人。蠹，危害。冗食，吃闲饭。

[50] 薙：除草。

[51] 绝毋容怙挟亢侮一应人：绝不容纳仗势挟迫于人，高傲轻慢的人。

[52] 臧获：奴隶、奴仆。

[53] 晦：阴历月终。

庞氏家训

庞尚鹏

导读

该家训是庞尚鹏于隆庆五年（1571）被弹劾罢官，在家乡闲居之时所作。全书共包括“务本业”“考岁用”“遵礼度”“禁奢靡”“严约束”“崇厚德”“慎典守”“端好尚”等八篇，篇末另附有“训蒙歌”和“女诫”两篇，作为训诫五岁男童和六岁女孩的专用教材。

书中对家族事务的管理及族人的日常行为都提出了具体而严格的规定，如在“务本业”中作者要求子弟要以耕读立家，并认为读书的目的不在于功名利禄，而是为了变化气质。在“考岁用”中作者对家庭财产的管理做出了详细的规定。在“严约束”中作者则要求族人参加每月定期举行的思想恳谈会，以达到相互规劝、弃恶扬善之目的。最后，作者以祖上和自己创业的艰辛经历，谆谆告诫子弟说：“尝闻祖宗基业自勤俭中来，子孙享其成，则不知有勤俭矣。祖宗福泽自诗书中来，子孙承其荫，则不知有诗书矣。虽名族世家，后先济美。子孙诵余言，其书诸绅。”该书在当时及后世，都备受推重。清人霍殿邦更是在《家箴附引》中指出“自来说家训者，必曰庞公。夫惺庵庞公之作家训也，大而纲常伦理，小而事物世故，靡不有训。理有大而必明，事虽小而必悉；根乎人情，允宜土俗；孝子慈孙，率履不越；是以世泽维新，家声丕振，在南海遂称右族。”

作者简介

庞尚鹏（1524—1581），字少南，南海叠滘村（今佛山）人。嘉靖三十二年（1553）进士，由乐平知县历巡按河南、浙江。万历年间上任福建巡抚，清廉自洁。隆庆二年（1568）任右佥都御史，主持办理九边屯盐事务。隆庆三年（1569），河东巡盐郜永春劾尚鹏行事乖违，因此被免职。隆庆四年（1570），又遭弹劾被贬为平民。万历四年（1576）庞尚鹏重新被启用，担任福建巡抚。在任时继续推行"一条鞭法"，后因为得罪了张居正而再次被免职。万历八年（1580）庞尚鹏在广东家乡闲居四年后去世，朝廷赐谥号"惠敏"。浙江、福建、广东等地人民为怀念他在减轻徭役方面所做的贡献，在各地分别立祠祀之。庞尚鹏生前所著有《百可亭摘稿》《奏议》《殷鉴录》《行边漫记》《庞氏家训》等。

序

予作家训成，或谓予曰："有治人，无治法。子孙贤，恶用[1]是哉？如其不肖，虽耳提面命，且奈何？"予应之曰："家有贤子孙，因吾言而益思树立，何嫌于费辞[2]？如其不贤，即吾成法具存，父兄因而督责之，使勉就绳束[3]，犹可冀其改图也。若前无辙迹，使索途冥行[4]，其不至于法守荡然[5]，几希矣。"今就其日用必不可废者，授以绳尺[6]，非有甚高难行之事，正欲其易而易知，简而易能，故语多朴直，使愚夫赤子皆晓然无疑。古称成立之难如升天，覆坠之易如燎毛。我祖宗既身任其难，为后世计，咨尔子孙，毋蹈其易，为先人羞。

隆庆五年季夏望日　尚鹏撰

注释

[1] 恶用：有什么用。恶，古同“乌”，疑问词，哪，何。

[2] 费辞：亦作“费词”，多费言词。

[3] 绳束：约束，束缚。此指因违犯法律而被绳之以法。

[4] 索途冥行：黑暗中摸索道路前行。

[5] 荡然：毁坏，消失。

[6] 绳尺：木匠用来标明直线、量度长短的工具。此处比喻规矩法度。

务本业

孝、友、勤、俭四字，最为立身第一义。必真知力行，奉此心为严师，就事质成[1]，反躬体验。考古人前言往行，而审其所从，必思有所持循，无为流俗所蔽。若残忍骄奢，百行裂[2]矣，他复何望哉？然为父母者，尤当身任其责。《易》曰：“家人有严君焉，父母之谓也。”盖父母视家人，势分本为独尊，事权得以专制，使挈其纲领，内外肃然，谁敢不从令？若仁柔姑息，动多愆违[3]，以致纷纷效尤，谁执其咎哉？必父兄勉自克责，严守章程，使诸弟子承风凛然[4]，更相申饬[5]，不敢坠先贤之明训，庶几[6]能世其家。若父兄以为难，则贤子弟羽翼而佐之。予论著乃曲为防检[7]，故屑屑[8]不惮烦。

学贵变化气质，岂为猎章句、干利禄哉？如轻浮则矫之以严重，褊急[9]则矫之以宽宏，暴戾则矫之以和厚，迂迟[10]则矫之以敏迅。随其性之所偏而约之，使归于正，乃见学问之功大。以古人为鉴，莫先于读书。

子弟从师问业，本有课程，尤当旦暮间察其勤惰，验其生熟，使知激昂奋发，有所劝惩，乃不负责成之志。

子弟以儒书为世业，毕力从之。力不能，则必亲农事，劳其身，食其力，乃能立其家。否则束手坐困，独[11]不患冻馁乎？思祖宗之勤苦，知稼穑之艰难，必不甘为人下矣。前代举贤，以孝弟力田列制科[12]，使人人业其官，皆习知民隐[13]，岂忍贼民以自封殖[14]哉？

田地土名丘段，俱要亲身踏勘耕管；岁收稻谷及税粮徭差，要悉心磨算。若畏劳厌事，倚他人为耳目，以致菽麦[15]不辨，为人所愚，如此而不倾覆，吾不信也。

民家常业，不出农商。通查男妇仆几人，某堪稼穑，某堪商贾。每年工食衣服，某若干，某若干。各考其勤能果否相称。如商贾无厚利，而妄意强为，必至尽亏资本；不如力田，犹为上策。若旷远不能尽耕，方许招人承佃。审己量力，常取决于老农。

池塘养鱼，须要供粪草，筑塘墙；桃李荔枝，培泥铲草。人无遗力，则地无遗利。各派定某管某处，开列日期，不时查验，毋令失业。

柴用耕田稻草，如不足，即于收获时并工割取，用船载回，堆积隔溪树下，如空闲去处，务足一岁之用而后已。若用银买柴，必立见困之，岂能常给乎？

菜蔬各于园内栽种，分畦浇灌，各考其成。某人种某处，某人种某物，随时加察，以验勤惰。家有余地而买菜给朝夕，彼冗食者何事乎？

置田租簿，先期开写某佃人承耕某土名田若干，该早晚租谷若干。如已纳完，若拖欠若干，各明书项下。如遇荒歉[16]，慎勿刻意取盈[17]。

妇主中馈，皆当躬亲为之。凡朝夕柴米蔬菜，逐一磨算稽查，他无令大过、不及。若坐受豢养，是以犬豕自待，而败吾家也。

大小僮仆，俱先一夕派定明日某干某事，该某日完。每夕各令回报，以考勤惰。若纵容习懒，非惟误我家事，亦误彼终身也。

注释

[1] 质成：请人判断是非而求得公正解决。

[2] 裂：此处为失败。

[3] 愆违：过失。

[4] 承风：接受教化。凛然：严肃；令人敬畏的样子，或形容敬重或惊恐的神态。

[5] 申饬（chì）：告诫，斥责。

[6] 庶几：或许可以。

[7] 予论著乃曲为防检：我写的这部家训便是变相地起到防范检验的功效。曲：弯转，变相。

[8] 屑屑：细致琐碎。

[9] 褊急：气量狭隘，性情急躁。

[10] 迂迟：迂腐迟钝。

[11] 独：难道，岂。

[12] 制科：又称大科、特科，封建王朝临时设置的考试科目，目的在于选拔各种特殊人才。

[13] 民隐：民间的疾苦。

[14] 封殖：指敛聚财货。

[15] 菽麦：豆与麦。

[16] 荒歉：荒年歉收。

[17] 取盈：谓取足赋税。

考岁用

每年计合家大小人口若干，总计令谷若干，预备宾客谷[1]若干。每月一次照数支出，各另收贮。务令封固仓口，不许擅开，以防盗窃。其支用谷数，仍要每次开写簿内，候下次支谷之日，查前次有无余剩若干，明白开载查考。

每年通计夏秋税粮若干，水夫民壮丁料若干，各该银若干，即于本年二月内照数完纳。或贮有见银，或临期粜谷[2]，切勿迁延，累本甲比征。如遇编差，先计用银若干，预算积贮，以备应用。若待急迫而后图之，或称贷于人，则荡覆无日矣。

女子六岁以上，岁给吉贝[3]十斤，麻一斤。八岁以上，岁给吉贝二十斤，麻二斤。十岁以上，岁给吉贝三十斤，麻五斤。听其贮为嫁衣。妇初归，每岁吉贝三十斤，麻五斤。俱令亲自纺绩，不许雇人。丈夫岁月麻布衣服，皆取给于其妻。吉贝与麻，各计每年给若干，皆令身自为之，不许雇人纺绩。惟僮仆衣巾，随时买给。

租谷上仓，除供岁用及差役外，每年仅存十分之二，固封积贮，以备凶荒。如出陈易新，亦须随宜补处。

置岁入簿一扇。凡岁中收受钱谷，挨顺月日，逐项明开，每两月结一总数。终年经费，量入为出，务存盈余，不许妄用。

置岁出簿二扇；一扇为公费簿，凡百费皆书；一扇为礼仪簿，书往来庆吊、祭祀、宾客之费。每月结一总数于左方，不许涂改及窜落。

注释

[1] 宾客谷：招待宾客用的粮食。

[2] 粜（tiào）谷：卖出谷物。

[3] 吉贝：木棉科植物，可为纺织原料。

遵礼度

冠礼、婚礼，各量力举行。丧葬送终为大事，礼宜从厚，亦当称家有无。一切繁文及礼所不载者，通行裁革。

男女议昏，必待十三岁以上方笔行聘礼。恐时事变更，终有后悔。

祠堂岁祭、忌祭，各先期经理，当日昧爽举行仪节，遵《家礼》及祠堂事宜。

安葬惟附棺之物，务求坚久。若修坟限于力，不必强也。古人托足山丘，不欲后世复知其姓名，其意远矣。

墓祭皆当于清明、重阳日举行，但各山远近不同，势难兼举，须分日致祭，或由路，或从船，俱查照历年旧规。合用桌席若干，人夫若干，各色器用若干，每年用银若干，各登簿查考。

娶妇初归，惟谒祠堂，见舅姑，次及本房有服亲属，不得概见他姓诸亲。

生日不为乐，自古称为美谈。除六十以上，子孙为其父祖称觞[1]，礼不可废，其余不可借此豪饮。若非具庆而宴乐忘亲，尤为不孝。

童子年五岁诵《训蒙歌》，不许纵容骄惰。女子年六岁诵《女诫》，不许出闺门。若常啖[2]以果饼恣其欲[3]，娱以戏谑荡其性，长而凶狠，皆从此始。当早禁而预防之。

待客，肴[4]不过五品，汤果不过二品，酒饭随宜。

嫁娶不用糖梅。女受聘、出嫁，子弟行聘礼，俱不贺。

吊丧只用香纸，不用面巾果酒。吊客一茶而退，服内[5]不具请，不送胙[6]。

交际礼仪，俱用折干[7]。如合用猪头，则折银一钱；用双鹅酒，三钱；羊酒，五钱；猪酒，一两。此外另封银二分作果酒礼。其受与否及酬答，各从其便。若本乡行礼，俱折银二分。酬礼四人共一桌。若遣礼而不及赴席，原封送还。

右四款已入乡约通行。

注释

[1] 称觞：举杯祝酒。

[2] 啖：吃或给人吃。

[3] 恣其欲：放纵他的欲望。

[4] 肴：做熟的鱼肉等。

[5] 服内：指五服之内。五服制度是中国礼治中为死去的亲属服丧的制度。其规定，血缘关系亲疏不同的亲属间，服丧的服制不同，据此把亲属分为五等，由亲至疏依次是：斩衰、齐衰、大功、小功、缌麻。后来，五服也指代五辈人，往上推五代，从高祖开始，高祖、曾祖、祖父、父、自己，凡是血缘关系在这五代之内的都是亲戚。

[6] 胙（zuò）：古代祭祀时供的肉。

[7] 折干：以钱代替实物。

禁奢靡

子孙各要布衣疏食，惟祭祀宾客之会，方许饮酒食肉，暂穿新衣。幸免饥寒足矣，敢以恶衣恶食为耻乎？他如手持背负之劳，力能自举，不必倩[1]人供使令[2]之役[3]。幸不为人役足矣，敢役人乎？尺帛、半钱，不敢浪用，庶几不至于饥寒。

亲戚每年馈问，多不过二次。每次用银，多不过一钱。彼此相期[4]，皆以俭约为贵。过此者，拒勿受。其余庆吊[5]，循俗举行，不在此限。

待客品物，本有常规。如亲友常来往，即一鱼一菜亦可相留。

司马温公曰：“先公为郡牧判官，客至未尝不置酒，或三行，或五行，不过七行。酒沽于市，果止梨栗枣柿，肴止脯醢[6]菜羹，器用磁漆。当时士大夫皆然，会数而礼勤，物薄而情厚。”今后客至，肴不必求备，酒不必强劝。淡薄能久，宾主相欢，但求适情而已。本房人众，客至欲遍请，恐力不能及，听临时轮流请陪，以省繁费。各不得视彼此为厚薄，致相猜嫌。

亲友往来，拜帖、礼贴、请贴、谢贴，俱单柬，不用封筒[7]。

造酒，先计每年合用若干，计用银两若干，量存一二盈余，以备他费，各登簿查考。若饮酒，不许沉醉。非惟乱性，抑亦伤生。世多死于酒，可鉴也。

注释

[1] 倩：请，央求。

[2] 使令：差遣，使唤。

[3] 役：服劳役之事。

[4] 相期：约定。

[5] 庆吊：指庆贺与吊慰，亦指喜事与丧事。

[6] 脯醢（fǔ hǎi）：佐酒的菜肴。

[7] 封筒：封套。

严约束

子孙各安分循理，不许博弈[1]、斗殴、健讼及看鸭[2]，私贩盐铁，自取覆亡之祸。

田地财物，得之不以义，其子孙必不能享。古人造“钱”字，一金二戈，盖言利少而害多，旁有劫夺之祸。其聚也，未必皆以善得之；故其散也，奔溃[3]四出，亦岂能以善去？殃其身及子孙，“多藏必厚亡[4]”，老子之名言，信矣！人生福禄自有定分，惟择其理之所当为，力之所能为者，尽其在我，俟命[5]于天。此心知足，虽蔬食菜羹，终身有余乐。苟不知分量，曲意求盈，虽欺天罔人[6]而不顾，有不颠覆者乎？若能勉给岁月，不以饥寒遗子孙，此身之外，皆为长物[7]，何自苦为？

傲，凶德[8]也。凡以富贵学问而骄人，皆自作孽耳。即使功德冠古今，亦分内事，何与于人？天道恶盈，惟谦受益。予阅历中外，备尝之矣。

立妾为嗣续计，必不可已而后为之。嫡庶不同心，兄弟不同母，其间抵牾[9]难尽言。若用情少偏，则是非蜂起，其流祸蔓延于子孙，或因而荡覆其家者，亦多有之。此不可不慎图也。

病从口入，祸从口出。凡饮食不知节，言语不知谨，皆自贼[10]其身。夫谁咎？

修斋诵经，供佛饭僧，皆诞妄之事。而端公[11]圣婆，左道惑众，尤工法所必诛也。凡僧道师巫，一切谢绝，不许惑于妇人世俗之见。

男子刚肠少，常偏听妇人言，离间骨肉，争长竞短，嫌隙横生。凡男女必须未明而起，一更后方许宴息[12]。无得苟安放逸，终受饥寒。

子孙故违家训，会众拘至祠堂，告于祖宗，重要责治，谕其省改[13]。若抗拒不服，及累犯不悛[14]，是自贼其身也。

遇昏暮即闭门，不许夜出。世情难测，宜备非常。如会客，亦须早散。不设烛。大寒大暑，尤当体息厨下人。

僮仆十四岁以上，不许入后厅。凡内外传呼，击云板或木鱼。

累世乡居，悉有定业，子孙不许移家。住省城三年后，不知有农桑；十年后，不知有宗族。骄奢游惰，习俗移人，鲜有能自拔者。予尝言乡居有十利。惟避寇方许暂寓城中。

内外房堂门巷及椅棹，俱每日黎明扫除拂拭。若门庭芜秽[15]，几案纵横，此衰家之兆也。务令轮流扫扫，不许推托有辞。

厨人司事，早食不得过辰时，晚食不得过申时。每晚先将铁锅及合用器具，逐一洗涤收置，次早黎明而起，即点茶炊饭。不觉烦难，乃能及期而举。早晚厨间俱不许用灯火，非徒欲省烦费，且恐昏昧不洁，以致饮食伤人。此事虽小，然于养生一节，所关甚大。况家人各有常业，终日勤苦而饮食不如期，岂存恤之义哉？若有故违，先将首事者斥责，以儆[16]其余。

每月初十二、十五二日，凡本房尊长卑幼，俱于日入时为会，各述所闻。或善恶之当鉴戒，或勤惰之当劝勉，或义所当为，或事所当已者，彼此据已见，次第言之，各倾耳而听，就事反观，勉加点检，此即德业相劝、过失相规之意。其会轮流主之，先派定日期，某系某日，如遇有事，请以次日代之。主会者只用点茶，不得置酒。若本日有祭祀宾客之会及有他冗[17]，或遇大寒暑、大风雨，则暂免。其无事不赴会，此即自暴自弃之人。会所不必拘，惟便于聚谈为贵。会必薄暮，谓其时多暇也。切不可夜深久坐，恐有不虞[18]。

小家婆妇往来，类多簸弄是非[19]，窥窃饮食，甚或诱引祈卜，煽惑妇女，因而盗骗财物。当不时诘问[20]，如无故往来者，重治而禁绝之。

注释

[1] 博弈：下棋。

[2] 健讼：指喜好打官司。看鸭：指赛鸭一类的赌博游戏。

[3] 奔溃：同崩溃。

[4] 多藏必厚亡：过于积敛财富，必定会招致更为惨重的损失。

[5] 俟（sì）命：听天由命。

[6] 罔人：欺骗他人。

[7] 长物：好的东西。

[8] 凶德：违背仁德的恶行。

[9] 抵牾（dǐ wǔ）：违背仁德的恶行。

[10] 贼：害，伤害。

[11] 端公：男巫的别称。

[12] 宴息：休息。

[13] 谕其省改：告诉他反省并改正错误。谕：告诉，使人知道。

[14] 悛：改过，悔改。

[15] 芜秽（huì）：荒芜。谓田地不整治而杂草丛生。

[16] 儆（jǐng）：使人警醒，不犯过错。

[17] 冗：忙，繁忙的事。

[18] 不虞：指出乎意料的事。

[19] 簸弄是非：谓造谣生事，颠倒是非。簸弄：播弄。

[20] 诘（jié）问：追问，责问。

崇厚德

骨肉天亲，同枝连气[1]，凡利害休戚[2]，当死生相维持。若因财产致争，便相视如仇敌，及遭死丧患难，反面不相顾，甚于路人。祖宗有灵，岂忍见此？良心灭绝，马牛而襟裾[3]，人祸天刑，其应如响[4]。愿子孙以此言殷鉴[5]。

处宗族、乡党、亲友，须言顺而气和。非意相干，可以理遣；人有不及，可以情恕。若子弟僮仆于人相忤，皆当反躬自责，宁人负我，无我负人。彼悻悻然怒发冲冠，讳短以求胜，是速祸也。若果横逆[6]难堪，当思古人所遭，更有甚于此者，惟能持雅量而优容之，自足以潜消其狂暴之气。

放债切不可违例深求，或准折人子女田地，及利中展利。

论人惟称其所长，略其所短，切不可扬人之过。非惟自处其厚，亦所以寡怨而弭祸[7]也。若有责善之义，则委曲道之，无为已甚。

雇工人及僮仆，除狡猾顽惰斥退外，其余堪用者，必须时其饮食，察其饥寒，均其劳逸。陶渊明曰："此亦人子也，可善遇之。"欲得人死力，先结其欢心。其有忠勤可托者，尤宜特加周恤[8]，以示激劝。

注释

[1] 同枝连气：本义为两树的枝条连生在一起。此处比喻同胞兄弟姐妹。

[2] 休戚：这里指有利的和不利的遭遇。

[3] 马牛而襟裾（jīn jū）：禽兽却穿着人的衣服。襟裾：衣的前襟或后襟，亦借指衣裳。

[4] 其应如响：本义为对答迅速，反应极快。此处指报应很快。

[5] 殷鉴：本义为殷人子孙应以夏的灭亡为鉴戒。此处专指对家训之言的鉴戒。

[6] 横逆：横祸，厄运。

[7] 弭祸：避免灾祸。

[8] 周恤：周济，接济。

慎典守

蒸尝[1]房屋、田地、池塘，不许分析[2]及变卖。有故违者，声大义攻之，摈斥[3]不许入祠堂。

坟茔刊刻图本，不时修葺，加意防护。山邻及守山人，须厚待之。

书籍为人家命脉，须置簿登记，依期晒晾，束之高阁，无令散失，以全先人手泽[4]。

画册、图本、轴头、器皿各项，俱用木柜收贮。另设一簿，逐件登记。有借去者，即书浮签贴项下，送回则掣之[5]。

海邦多盗，凡衣物戒慢藏[6]，门庭慎封守。先事筹划，居安思危。

如有踪迹可疑，皆当早察而预待之，曲为万全计。

城中房屋池塘，岁时典守[7]，切须得人，仍要戒备不虞，严加防察。

注释

[1] 蒸尝：本指秋冬二祭，后泛指祭祀。此处所列的房屋、田地、池塘都是此祭祀的专用。

[2] 分析：分家。

[3] 擯斥：指排斥，攘去。

[4] 手泽：本义为手汗。后多用来称先人或前辈的遗墨、遗物等。

[5] 掣之：抽去。

[6] 慢藏：疏于治理或保管。

[7] 典守：主管，保管。

端好尚

子弟立身，非惟颠狂灭义、淫纵伤生，当刻骨痛戒；即嗜好之偏，加广交延誉[1]，避事耽闲[2]，溺琴棋，聚宝玩，购字画，乐歌舞，此皆丧志之具[3]。彼自谓放达清流[4]，岂知其为身家之蠹[5]哉？

宗族、亲戚、乡党，有素重名义及多才多识，为人尊信者，须亲就请教，不时问候。如有家事缓急，可倚以相济。且常闻药石之言[6]，阴受夹持之益[7]。若交游非类，济恶朋奸，是自阱[8]其身也。

媢嫉[9]正人，厌闻正论，直待亡命破家而后悔，已无及矣。

士、农、工、商，各居一艺。士为贵，农次之，工商又次之。量力勉图，各审所尚[10]，皆存乎其人耳。予家训首著士行，余多食货农商语[11]，皆就人家日用之常，而开示途辙[12]，使各有所持循[13]。若该载[14]未尽，当就善言而推广之。

处身固以谦退为贵。若当勇往而畏缩深藏，则丈夫而妇人矣。古人言若不出口，身若不胜衣[15]，及义所当为，虽孟贲[16]不能夺。此以义为尚者也。事有权衡，其审图之。

祖宗遭家多难[17]，因邻人曲售[18]其诬词，复有落井下石，阴嗾[19]而中之者，乃竟负讼，卒于家。嗟嗟！吾视饮恨九原，每一念之，肝肠摧裂。今首祸及助虐之人，曾不再传，皆已来门矣。予言及此，岂欲修怨哉？示后人知家衅[20]所从起，哀思不能忘耳。先考少孤，数岁时，曾与家人负贩。及壮，为木商，虽寒暑风雨，不避劳。会海贼发，有司造战船，坐名督责，几于破家。比予入黉宫[21]，喜动颜色，而垂橐[22]萧然。寻矢力[23]经营，家渐饶而去世。百忧感心，万事劳形，何曾享一日安意之奉哉！予少时秉耒[24]躬耕，不辞劳役，昼习章句，暮归灌园。冬夏仅一粗布衣，非敝且垢，不更为也。惟舅氏闲岁[25]以新衣佐给之。每就试，尝落第于有司。屏迹禅林[26]，经宿一举火[27]，艰苦万状，诚难具陈。今尔子弟皆尘蠹书[28]，余鼠粟，何从得之？饱食安居，独不念先世创业之难，良工心独苦耶？予自罢归后，尽将财产与诸弟均之，未尝少有低昂。盖祗承先考之心，使后之子孙尽力其中，皆足为向善之助，无忘先世遗泽矣。尝闻祖宗基业自勤俭中来，子孙享其成，则不知有勤俭矣。祖宗福泽自诗书来，子孙承其荫，则不知有诗书矣。虽名族世家，后先济美[29]，子孙诵予言，其书诸绅！

注释

[1] 广交延誉：广泛交结，播扬声誉。延誉，语出《国语·晋语七》：“使张老延君誉于四方。”

[2] 耽闲：沉溺于清闲时光。

[3] 此皆丧志之具：这些都是令人丧失志向的事情。具：古同“俱”，都，完全。

[4] 清流：喻指德行高洁负有名望的士大夫。

[5] 蠹（dù）：本义指蛀蚀器物的虫子，引申比喻祸国害民的人和事。

[6] 药石之言：泛指药物，此处喻指劝人改过的话。药石：治病的药物和砭石。

[7] 阴受夹持之益：暗中受到匡助的好处。夹持：夹辅，匡助。

[8] 自阱：自己挖的陷阱。阱：捕野兽用的陷坑。

[9] 媢嫉：嫉妒。

[10] 尚：尊崇，注重。

[11] 余多食货农商语：我经常和卖粮食、货物的农民、商人聊天。食货：食和货，粮食等食物和钱财、货物。

[12] 途辙：路上之车迹，也比喻行事所遵循的途径或方向。

[13] 持循：遵循。

[14] 该载：详尽载明。

[15] 身若不胜衣：形容身体羸弱，好像连衣服的重量都不能承担。

[16] 孟贲：战国时的勇士。

[17] 遭家多难：家庭遭受了多重磨难。

[18] 曲售：变相地实施。

[19] 阴嗾（sǒu）：暗中唆使，怂恿他人做坏事。

[20] 家衅：家里的争端。

[21] 黉（hóng）宫：古时的学校。

[22] 垂橐（tuó）：垂着空袋子，谓空无所有。

[23] 矢力：全力。

[24] 耒：农具。

[25] 闲岁：隔一年、下一年的意思。

[26] 屏迹禅林：隐居在寺院。

[27] 举火：指点火；过活，维持生计。见《礼记·问丧》：“水浆不入口，三日不举火，故邻里为之糜粥以饮食之。”

[28] 蠹书：被蛀坏的书，泛指破旧书籍。

[29] 济美：谓在以前的基础上使美好的东西发扬光大。

训蒙歌

幼儿曹，听教诲。勤读书，要孝弟。学谦恭，循礼义。节饮食，戒游戏。毋诳言，毋贪利。毋任情，毋斗气。毋责人，但自治。能下人[1]，是有志。能容人，是大器。凡做人，在心地。心地好，是良士。心地恶，是凶类。譬树果，心是蒂。蒂若坏，果必坠。吾教汝，全在是。汝谛听，勿轻弃。

注释

[1] 能下人：能从人下人做起。

女诫

男女相维[1]，治家明肃。贞女从夫，世称和淑[2]。事夫如天，倚为钧轴[3]。爱敬舅姑，日祈百福。教子读书，勿如禽犊。妯娌交欢，毋相鱼肉。婢仆多恩，毋生荼毒[4]。夜绩[5]忘劳，徐吾合烛[6]。家累千金，毋忘饘粥[7]。虽有千仓，毋轻半菽[8]。妇顺母仪，能回薄俗[9]。嗟彼狡徒，豺声蜂目。长舌厉阶[10]，画地成狱。妒悍相残，身攒百镞[11]。天道好还，有如转毂[12]。持诵斯言，蓝田种玉[13]。

注释

[1] 相维：相连。

[2] 淑：善良，美好。

[3] 倚为钧轴：钧以制陶，轴以转车。一般指担负国家政务重任的人。此处指妻子以丈夫为倚重。

[4] 荼毒：毒害，残害。

[5] 夜绩：晚上一同纺麻织布。绩：把麻搓捻成线或绳。

[6] 徐吾合烛：语出《列女传·齐女徐吾》："齐女徐吾者，与邻妇合烛夜织。"

[7] 饘（zhān）粥：稀饭。

[8] 半菽（shū）：谓半菜半粮，指粗劣的饭食。

[9] 薄俗：轻薄的习俗，坏风气。

[10] 长舌：比喻爱搬弄是非。厉阶：祸端。

[11] 身攒百镞（zú）：身上聚集了无数的箭头，形容乱箭穿身。镞：箭头。

[12] 转毂（gǔ）：飞转的车轮。

[13] 蓝田种玉：原指杨伯雍在蓝田的无终山种出玉来，并得到美好的婚配。此处形容会得到好的结果。

示季子懋修书

张居正

导读

作为明代万历年间的首辅，张居正对自己子女的要求也是相当严格的。在《示季子懋修书》中，他对三子懋修先是夸奖其幼年聪颖，再借同僚之语夸赞懋修“公之诸郎，此最先鸣者也”。随后话锋一转直揭懋修病处“自癸酉科举之后，忽染一种狂气，不量力而慕古，好矜己而自足，顿失邯郸之步，遂至匍匐而归”。一句“匍匐而归”可谓尖酸，随后又接着说道，丙子春试，“竟至颠蹶”，如此不留情面，可知张居正教子之严格。

文中张居正对儿子先扬后抑，旨在批评其兼涉旁骛，意在勉励儿子不能自暴自弃、妄自菲薄，要继志绳武，光大祖业。三子懋修是张居正六个儿子当中最喜爱的一个，也是报希望最大的一个。在文中，张居正始终肯定儿子的天资不差，只是因为狂傲气盛、矜己自足才致考试失败，只要能吸取教训，就一定会获得成功的。如此言语真正是知子莫若父啊！

作者简介

张居正（1525—1582），字叔大，号太岳，幼名白圭。明代湖广江陵（今属湖北省荆州市）人，时人又称其为“张江陵”。张居正是明朝中后期的政治家、改革家，万历时期的内阁首辅，辅佐万历皇帝开创了“万历新政”。张居正5岁识字，7岁能通六经大义，12岁考中秀才，16岁中举人，嘉靖二十六年（1547），23岁的张居正考中进士。隆庆元年（1567）任吏部左侍郎兼东阁大学士。后迁任内阁次辅，为吏部尚书、建极殿大学士。隆庆六年（1572），万历皇帝登基后，张居正代高拱为首辅。张居正在任内阁首辅的10年中，实行了一系列改革措施。财政上清仗田地，推行“一条鞭法”；军事上任用戚继光等名将戍守北方，任用凌云翼等平定西南叛乱；吏治上实行“考成法”考核各级官吏。万历十年（1582）张居正去世，终年58岁，赠上柱国，谥“文忠”，之后为万历皇帝所忌恨，爵位、谥号均被褫夺，家被抄没，直到明熹宗天启二年（1622）才恢复名誉。著有《张太岳集》《书经直解》《帝鉴图说》等。

汝幼而颖异[1]，初学作文，便知门路，居尝以汝为千里驹，即相知诸公见者，亦皆动色相贺，曰：“公之诸郎，此最先鸣[2]者也。”乃自癸酉科举之后，忽染一种狂气，不量力而慕古[3]，好矜己而自足，顿失邯郸之步，遂至匍匐而归[4]。丙子之春，吾本不欲求试，乃汝诸兄咸[5]来劝我，谓不宜挫汝锐气，不得已黾勉[6]从之，竟至颠蹶[7]。艺本不佳，于人何尤？然吾窃自幸曰：“天其或者欲厚积而钜[8]发之也。”又意汝必惩再败之耻，而瘐首以就矩矱[9]也。岂知一年之中，愈作愈退，愈激愈颓，以汝为质不敏耶？固未有少而了了，长乃懵懵[10]者；以汝行不力耶？固闻汝终日闭门，手不释卷，乃其所造尔尔[11]。是必志骛于高远，而力疲于兼涉，所谓之楚而北行也[12]，欲图进取，岂不难哉！

夫欲求古匠之芳躅[13]，又合当世之轨辙，惟有绝世之才者能之。明兴以来，亦不多见。吾昔童稚登科，冒窃盛名[14]，妄谓屈、宋、班、马，了不异人[15]。区区一第[16]，唾手可得。乃弃其本业，而驰骛古典[17]。比及三年，新功未完，旧业已芜。今追忆当时所为，适足以发笑而自点耳。甲辰下第，然后揣己量力，复寻前辙，昼作夜思，殚精毕力，幸而艺成，然亦仅得一第止耳。扰未能掉鞅[18]文场，夺标艺院也。今汝之才，未能胜余，乃不俯寻吾之所得，而蹈吾之所失，岂不谬哉！

吾家以诗书发迹，平生苦志励行，所以贻则[19]于后人者，自谓不敢后于古之世家名德，固望汝等继志绳武[20]，益加光大，与伊巫之俦[21]，并垂史册耳。岂欲但窃一第，以大吾宗哉！吾诚爱汝之深，望汝之切，不意汝妄自菲薄[22]，而甘为辕下驹也。今汝既欲我置汝不问，吾自是亦不敢厚责于汝矣。但汝宜加深思，毋甘自弃，假令才质驽下，分不可强。乃才可为而不为，谁之咎与？已则乖谬[23]，而徒诿之命耶！惑之甚矣[24]。且如写字一节，吾呶呶谆谆[25]者几年矣，而潦倒差讹，略不少变，斯亦命为之耶？区区小艺，岂磨次岁月乃能工耶？吾言止此矣，汝其思之。

注释

[1] 颖异：聪慧过人。

[2] 先鸣：谓首先显露。

[3] 慕古：仰慕古人，仿效古人。

[4] 好矜己而自足，顿失邯郸之步，遂至匍匐而归：有些喜欢夸耀自己、骄矜自满的人，就好比那些邯郸学步的年轻人，把自己本性抛弃了，只得爬着回家。

[5] 咸：全，都。

[6] 黾（mǐn）勉：勉强。

[7] 颠蹶（jué）：覆亡、毁灭、失败。

[8] 钜：同“巨”，巨大。

[9] 矩矱（yuē）：规矩法度。

[10] 懵懵：指模糊不清、糊里糊涂。

[11] 乃其所造尔尔：可竟然才学造诣平常。

[12] 是必志骛于高远，而力疲于兼涉，所谓之楚而北行也：定然是你好高骛远，而被涉猎太广弄得疲倦力竭，这就是你本来想去南方的楚国却跑到北方去了啊！

[13] 芳躅：指前贤的踪迹。

[14] 冒窃盛名：此为谦辞，意为冒险窃取了极大的名声。

[15] 妄谓屈、宋、班、马，了不异人：胡乱品评屈原、宋玉、班固、司马迁这些人，认为自己才质异于常人。

[16] 第：科举及第。

[17] 驰骛：指在某个领域纵横自如，并有所建树。古典：古代典籍。

[18] 掉鞅：本谓驾战车入敌营挑战时，下车整理马脖子上的皮带，以示御术高超，从容有余。后泛指从容驾驭或掌握战斗的主动权。比喻从容显示才华。

[19] 贻则：指为后世留下典则。语出《书·五子之歌》：“有典有则，贻厥子孙。”

[20] 绳武：继承祖先业迹。

[21] 伊巫之俦（chóu）：以便能同伊尹、巫咸这些人一起。俦：同辈，伴侣，一样的人。

[22] 妄自菲薄：过分看轻自己。形容很自卑。妄：胡乱地。菲薄：小看，轻视。

[23] 乖谬：性情、言语、行为别扭，不合情理。

[24] 而徒诿之命耶！惑之甚矣：却归咎于命运，这糊涂得很厉害呀！诿：推诿。

[25] 呶呶谆谆：言辞恳切，不厌其烦地劝告。呶呶：形容说话唠叨。谆谆：忠谨诚恳貌。

教子

屠隆

导读

屠隆是一个出入豪门，却又心慕世外之人。他的这篇教子家书，可以说是自己在富贵场中厮混得久了，而从内心之中产生的一种对当时社会的深刻认识。“富贵纨绔之子，少而聪颖，援笔立赋，矢口成文，高步阔视，睥睨千古，陵轹一世。厥心内满，厥气外盈，已不胜其肮脏之习。”“酿成淫毒而莫知禁忌。大则为夏桀、商辛、隋旸、叔宝，小则为智伯、庆忌、敬业、王雱。覆国倾家，丧身绝祀，顾反不如椎鲁无能，保家之主也。”这种对富贵纨绔之子的认识，使他生出一种发自内心的厌恶，于是他谆谆告诫子弟，并真心地希望“富贵纨绔之子”能“坊以礼义，教以谦抑，折其骄亢，荡其粗鄙。而后课以艺文，责以古今”。

作者简介

屠隆（1542—1605），明代戏曲作家、文学家。字长卿，号赤水。浙江鄞县（今浙江）人。万历五年（1577）进士，曾任颍上、青浦等县知县及礼部主事、郎中等官职，为官清正，关心民间疾苦。万历十二年

(1584)，屠隆受诬陷罢官回家。回到家乡之后，他便纵情诗酒之间，结交海内名士。晚年，他遨游于吴越山水之间，寻山访道，说空谈玄，但生活贫困，最后只能以卖文为生，怅悴而卒。屠隆平生好茶，精通茶道，另外对曲艺也很精通，曾写戏编戏，当年家中曾自办戏班，专门聘请名角，自编自写创作戏剧。著有《考盘余事》《昙花记》《修文记》《彩毫记》等。

富贵纨绔[1]之子，少而聪颖，援笔[2]立赋，矢口成文，高步阔视，睥睨[3]千古，陵轹[4]一世。厥心内满，厥气[5]外盈，已不胜其肮脏之习，而食客游士又为之谄曲导谀于其父兄之前。一文出，“奴仆班扬”；一诗成，“伯仲李杜”。井中之蛙，无复天地。夜郎之王，何知汉大。以富贵陵人而以才俊济之，角蛇翼虎，何所不至？酿成淫毒而莫知禁忌。大则为夏桀、商辛、隋旸、叔宝，小则为智伯、庆忌、敬业、王雱。覆国倾家，丧身绝祀。顾反不如椎鲁[6]无能，保家之主也。

余尝与贵介豪俊言，见其纵衡飘忽，目无所不空而口无所不击。上下千古，自三教圣人而下，并不能免其椎詈[7]。而又岸然自谓手金刚杵，所当亡不碎者。而方盛有时名，志盈气锐，双睫如炬，电光其舌，傍人虽欲与复一语，捍不得入。嗟乎！富贵之为害一至于此！

余愿士大夫之教子，必先坊以礼义，教以谦抑，折其骄亢，荡其粗鄙。而后课以艺文，责以古今。一事之能慎无轻奖，一语之俊[8]慎无妄夸。是乃真能爱其子弟者也。

注释

[1] 纨绔（wán kù）：本义为富贵人家子弟穿的细绢做成的裤子，后来泛指有钱人家子弟的华美衣着，借指富贵人家的子弟。

[2] 援笔：执笔。

[3] 睥睨（pì nì）：最初是指古代皇帝的一种仪仗。后来引申为斜着眼看，侧目而视，有厌恶或高傲的意思。

[4] 陵轹（lì）：超越，压倒。

[5] 厥气：本指上逆之气、逆乱之气。此处为骄横傲慢之气。

[6] 椎鲁：愚钝，鲁钝。

[7] 椎詈（lì）：骂，责骂。

[8] 俊：高明的言辞，妙语。

庭帏杂录

袁衷等

导读

《庭帏杂录》是袁衷、袁襄、袁裳、袁表、袁衮五兄弟记录其父母（袁参坡和李氏）平时对他们的训示的笔记。由于本书是“杂录”，所以内容也很庞杂，上至国家大事，下至家庭琐事，以至于读书作文、典故考订等，凡对子女成长有利者均记录在内。

袁参坡，名仁，明代人，生平事迹不详。李氏，为袁参坡之妻。订正这篇家训的钱晓在序中说“参坡博学惇行，世罕其俦；李氏贤淑有识，磊磊有丈夫气”。李氏是一位贤良的母亲，她辛苦育子、勤俭持家、体恤亲邻、宽以待人。她对袁氏前妻所生的二子视如己出，生活上无微不至地关怀，学问品德上严加教诲。她的亲生儿子袁裳因作诗得父赏识，奖一身新衣。李氏见后却“褫衣藏之”，等到为其兄长各做一套后才让他穿。李氏对与袁家世仇的邻居沈氏的宽广胸怀更是令人肃然起敬。言传身教、时时处处以身立范是李氏教子的特点。李氏的高尚品德和家教之道仍可为我们效法。

作者简介

袁衷，字秉忠，广东东莞人。正统六年（1441）举人，曾任梧州知府，后改任平乐、永州知府。袁衷勤于政务，所到为官之地都能做到公正廉明，人民都能蒙受他的恩惠。有《竹庭稿》传世。

序

余小子生也晚，不获事吾祖参坡先生暨吾祖母李孺人。阅吾父及吾诸伯叔所述《庭帏杂录》，未尝不哑然惊，惕然惧，而悚然思奋也。开辟生人至多矣，独称朱、均为不肖，何哉？以尧、舜至德，不能相肖耳。故为众人之子孙易，为贤人之子孙难。《记》称文王无忧，岂前有所承，后有所托，而可以无忧哉？殆谓文王宜忧而不忧耳。盖前有贤父，毫发不类，便堕家声；后有圣子，身范稍亏，便难作则。况曰“父作之”，在文王，必有所绍之者；曰“子述之”，在文王，必有所开之者。惟文王能尽道，所以无忧也。不然，蔡叔以文王为父，蔡仲为子，而宁能免于忧哉？

今吾祖何如人，吾伯叔何如人，吾父又何如人，而为子孙者，可泄泄已乎？闻诸吾父，谓吾祖之学无所不窥，而特寓意于医，借以儆世觉人。察脉而知其心之多欲也，则告以淡泊清虚；察脉而知其心之多忿也，则告以涵泳宽裕；察脉而知其心之荡且浮也，则告以凝静收敛。引经据传，切理当情，闻者莫不有省。虽家庭指示，片语微词，皆可书而诵也。伯氏春谷先生先录其言，以备观省，已而诸伯叔竞效而录之，共二十余卷。经倭乱，存者无几。吾父虑其尽逸也，遂辑其存者，厘为上下二卷，付之梓人。吾王父母心术之微，不尽在是也；行谊之大，亦不尽在是也。然善观人者，尝其一脔，可以知全鼎之味矣。勉承父命，谨题其端，以自勖云。

万历丁酉季秋吉旦孙男　袁天启拜手谨书

庭帏杂录　卷上

问："尧让天下于许由[1]，经传不载，岂后人附会与？"父参坡曰："按《左传》：'许，太岳之后。古者申、吕、许、甫，皆四岳之后。'《书》云：'咨！四岳。朕在位七十载，汝能庸命[2]，巽[3]朕位？'让由之举，或即此乎？"

宋韩琦[4]为谏官三年，所存谏稿，欲敛而焚之，以效古人谨密之义。然恐无以见人主从谏之美，乃集主上所信从及足以表主上之德者七十余章，曰《谏垣存稿》[5]，自序于其首，大略曰：谏主于理，而以至诚将之。前辈之忠厚如此。今乃有以进言要名者，良可悼也。

有王某者，善风鉴[6]，江湖奇士也。来访父，坐定，闻门外履声橐橐[7]，王倾耳，曰："有三品官来。"及至，则表兄沈科也。王谛观之，曰："肉胜骨，须肉稍去，则发矣。"科不怿[8]，即起入内见吾母。是冬，科患病，大肉尽脱。吾与三弟调理之，将愈，父谓曰："此病但平其胃火，火去则脾胃自调，必愈。若滋其肾水，水旺则邪火自退，亦愈。然胃火去则善食，必肥，不若肾水旺则骨坚，而可应王生之言也。"因书一方授予，使付科，如法修服，后果精神日旺而浮肉不生。明年举乡荐，甲辰登第，终苑马卿[9]。

传称孔子家儿不知骂，曾子家儿不知怒，生而善教也。汝祖生平不喜责人，每僮仆有祸当刑，辄与汝祖母私约：我执杖而往，汝来劝止。我体其意，终身未尝以怒责仆，亦未尝骂仆。汝曹[10]识之。

汝曾祖菊泉先生尝语我云："吾家世不干禄仕，所以历代无显名，然忠信孝友，则世守之。第令[11]子孙不失家法，足矣。即读书，亦但欲明理义，识古人趣向。若富贵，则天也。"

问："吾祖凿半亩池水，冬夏不涸，邻池常涸，何也？"曰："池中置牛骨则不涸，出《西都志》。"

沈科问："六艺御为卑，今凡上用之物，皆称御，官称御史，何也？"曰："吴临川云：君之在车，与御者最相亲近，故君所亲近之人谓之御，君所亲用之物亦谓之御。"

钱南士问："何以谓之市井？"曰："古者，一井之地，以二十亩为庐舍，因为市以交易，故云。"

袁裳问："俗以每月初五、十四、二十三日为月忌，凡事皆避之，何所取义？"曰："阴阳书以是三日为九良星直日，故不用，其义亦不明。河图九数，趋三避五。初一日起一居坎，至初五日五居中，十四日、二十三日，五皆居中。五为君象，故民庶不可用。"

凡言语文字与夫作事应酬，皆须有含蓄，方有味。说话到五七分便止，留有余不尽之意，令人默会。作事亦须得五七分势便止，若到十分，如张弓然，过满则折矣。

钱晒问："寒食禁火，相传为介子推而设，果尔，止该行于晋地，何四方皆然也？"曰："予尝读《丹阳集》[12]云：龙是木之位，春属东方，心为大火，惧火盛，故禁火。是以有龙禁之忌，未必为子推设也。"

袁襄问："《月令》：孟冬，腊先祖。郑玄注云：腊，即《周礼》所谓蜡祭[13]也。然则'腊''蜡'同乎？"曰："尝观《玉烛宝典》[14]云：腊祭先祖，蜡祭百神。则'腊'与'蜡'异。蜡祭因飨农，以终岁勤动而息之。腊，猎也；猎取禽兽祭先祖，重本始也。二祭寓意不同，所以腊于庙，蜡于郊。"

子华子[15]曰："人之性，其犹水然。水之源至洁而无秽，其所以湛之者，久则不能无易[16]也。是故方员曲折湛于所遇，而形易矣；青黄赤白湛于所受，而色易矣；砰訇淙射湛于所阂，而响易矣[17]；洄伏悠容[18]湛于所容，而态易矣；咸淡芳奥[19]湛于所染，而味易矣。此五易者，非水性也，而水之流则然。"孔子曰："性相近也，习相远也。"尔辈慎习。

沈科初授南京行人司副，归别吾父。吾父谓之曰："前辈谓仕路乃毒蛇聚会之场，予谓其言稍过，然君子缘是可以自修。其毒未形[20]也，吾谨避之，质直好义[21]以服其心，察言观色、虑以下之以平其忿[22]；其毒既形，吾顺受之。彼以毒来，吾以慈受，可也。"

《记》称吊丧不能赙[23]，不问其所费；问疾不能馈[24]，不问其所欲；见人不能馆，不问其所舍[25]。此言最尽物情，故张横渠[26]谓物我两尽，自《曲礼》入，非虚言也[27]。汝辈处世，宜一一据此推广。如见讼不能解，不问其所由；见灾不能恤，不问其所苦；见穷不能赈，不问其所之。

问："天下事皆重根本而轻枝叶，《记》称天下有道则行有枝叶，无道则辞有枝叶，岂行贵枝叶乎？"父曰："枝叶从根本而出。邦有道则人务实，故精神畅于践履；无道则人尚虚，故精神畅于词说。"

予与二弟侍吾母，予辈不自知其非己出也。新衣初试，旋或污毁，吾母夜缝而密浣之，不使吾父知也。正食既饱，复索杂食，吾母量授而撙节[28]之，不拂亦不恣[29]也。坐立言笑，必教以正，吾辈幼而知礼。先母没，期年[30]，吾父继娶。吾母来时，先母灵座尚在，吾母朝夕上膳，必亲必敬。当岁时佳节，父或他出，吾母即率吾二人躬行奠礼，尝洒泪告曰："汝母不幸蚤世[31]，汝辈不及养，所可尽人子之心者，惟此祭耳。"为吾子孙者，幸勿忘此语。

以上男袁衷录

注释

[1] 尧让天下于许由：语出《史记·伯夷列传》："'尧让天下于许由，许由不受，耻之逃隐。及夏之时，有卞随、务光者。'此何以称焉？太史公曰：余登箕山，其上盖有许由冢云。"

[2] 庸命：用命，服从命令。

[3] 巽：让，让出。

[4] 韩琦：字稚圭，自号赣叟，相州安阳（今河南安阳）人。北宋政治家、词人，天圣年间进士。历经北宋仁宗、英宗和神宗三朝。熙宁八年，在相州溘然长逝，宋神宗为他"素服哭苑中"，御撰墓碑："两朝顾命，定策元勋。"谥忠献，赠尚书令，配享宋英宗庙庭，备极衰荣。

[5] 然恐无以见人主从谏之美……《谏垣存稿》：但是担心人们从此看不到皇帝听从、采纳臣子谏书的美德，于是收集了皇帝采纳的并足以体现皇帝德行仁政的奏章七十余篇，汇集成书，名《谏垣存稿》。

[6] 风鉴：相面术。

[7] 橐橐：象声词。多形容硬物连续碰击的声音。

[8] 不怿（yì）：不悦，不欢愉。

[9] 苑马卿：明代从三品官职，掌管养马。

[10] 汝曹：你们。

[11] 第令：第，但，只。令，使，让。

[12]《丹阳集》：宋葛胜仲撰。

[13] 蜡祭：年终祭祀之名。

[14]《玉烛宝典》：隋杜台卿撰。

[15] 子华子：战国时哲学家，魏国人，思想近于道家。传有《子华子》三卷，系后人伪作。

[16] 无易：本义为正确不可改变，此处指总是那样没有变化。

[17] 砰訇淙射湛于所阂，而响易矣：流水本不发出声音，由于受到地势阻碍而移其性，发出各种声响。訇，声音巨大。阂，阻隔，阻碍。

[18] 洄伏悠容：流水迂缓，悠悠的样子。

[19] 咸淡芳臭：水的不同味道。臭，污浊。

[20] 未形：尚未形成。

[21] 质直好义：内在纯朴正直，外在追求仗义。

[22] 虑以下之以平其忿：思考以低调、谦让的态度待之，以平息他的愤恨。

[23] 赙（fù）：以财物帮人操办丧事。

[24] 馈：馈赠。

[25] 见人不能馆，不问其所舍：看到别人没地方住，而我们也没有条件提供给人家住处，那就不要问人家，你在哪住啊，你需不需要房子。馆，以房屋留人住宿。

[26] 张横渠：张载，北宋理学家，字子厚。理学支脉“关学”创始人，封先贤，

奉祀孔庙西庑第38位。徙家凤翔郿县（今陕西眉县）横渠镇，学者称横渠先生。宋仁宗嘉祐二年（1057）进士，授祁州司法参军，调丹州云岩令。迁著作佐郎，签书渭州军事判官。卒后，赐谥明公。

[27] 物我两尽自《曲礼》入，非虚言也：如果能把人我都放下，还是要从《曲礼》记载的具体细小的礼仪规范这个途径来进入，说得真对啊！《曲礼》，是《礼记》的一部分。曲为细小的杂事；礼为行为的准则规范。“曲礼”是指具体细小的礼仪规范。

[28] 撙节：抑制，节省。

[29] 不拂亦不恣：不违逆也不放纵。

[30] 期（jī）年：一整年。

[31] 蚤世：早死。蚤，通“早”。

宋儒教人，专以读书为学，其失也俗。近世王伯安[1]尽扫宋儒之陋，而教人专求之言语文字之外，其失也虚。观子路曰：“何必读书，然后为学？”则孔门亦尝以读书为学，但须识得本领，工夫始不错耳。孟子曰：“学问之道无他，求其放心而已矣。”求放心是本领，学问是枝叶。

作文，句法、字法要当皆有源流，诚不可不熟玩古书，然不可蹈袭，亦不可刻意摹拟，须要说理精到，有千古不可磨灭之见，亦须有关风化，不为徒作，乃可言文。若规规[2]摩拟，则自家生意索然矣。

近世操觚[3]习艺者，往往务为艰词晦语，或二字三字为句，以自矜高古，甚或使人不可句读[4]，而味其理趣，则漠然如嚼蜡耳。此文章之一大厄也。尔辈切不可效之。

文字最可观人。如正人君子，其文必平正通达；如奸邪小人，其文必艰涩崎岖。

士之品有三：志于道德者为上，志于功名者次之，志于富贵者为下。近世人家生子，禀赋稍异，父母师友即以富贵期之，其子幸而有成，富贵之外，不复知功名为何物，况道德乎？吾祖生吾父，岐嶷[5]秀颖，吾父生吾，亦不愚，然皆不习举业，而授以《五经》古义。吾生汝兄弟，始教汝习举业，亦非徒以富贵望汝也。伊周勋业[6]，孔孟文章，皆男子常事。位之得不得，在天；德之修不修，在我。毋弃其在我者，毋强其在天者。

欲洁身者，必去垢；欲愈疾者，必求医。昔曹子建文字好人讥弹，应时改定[7]。岂独文艺当尔哉？进德修业，皆当如此。

晏元献公尝言，韩退之[8]扶持圣教，铲除异端，则诚有功；若其[9]祖述坟典，宪章骚雅[10]，上传三古，下笼百世，横行阔视于缀述之场者，子厚[11]一人而已。盖深取柳而抑韩也。尔辈试虚心观之，二公之学识相去颇远，当知晏公之言不虚耳。唐人余知古与欧阳生书，讥韩愈之陋，曰："其作《原道》，则崔豹《答牛生书》；作《讳辨》，则张诚《论旧名》也；作《毛颖传》，则袁淑《太兰王九锡》也；作《送穷文》，则扬子云《逐贫赋》也[12]。"当时盖甚轻之，惜今人读书不多，不知韩之蹈袭耳。

当理之言，人未必信；修洁之行，物或相猜。是以至宝多疑，荆山有泪[13]。

读书贵博，亦贵精。苏文《管仲论》，近世刊本皆作："彼管仲者，何以死哉？"及得宋刻，则"何"字乃"可"字，与上文"可以死"正相应。许浑[14]诗"湘潭云尽暮山出"，此世本也，及观刘巨济收浑手书，则“山”字乃“烟”字也。潘荣《史断》引“少仕伪朝”[15]，责李密[16]《陈情》之谬。尝见释氏书引此文，“伪朝”作“荒朝”，盖密之初文也，“伪朝”字乃晋人改之入史耳。孔明《出师表》，今世所传，皆本《三国志》，查《文选》所载，则“先帝之灵”下尚有“若无兴德之言”六字，必如是，而其义始完也。自杜牧有“西子下姑苏，一舸逐鸱夷”之句，世皆传范蠡载西施以逃，及观《修文御览》引《吴越春秋·逸篇》云：“吴亡后，浮西施于江，令随鸱夷以终。”盖当时子胥死，盛以鸱夷浮之江[17]，今沉西施于江，所以谢子胥也。范蠡去越，亦号鸱夷子。杜牧遂误以胥为蠡耳。墨子曰：“吴起之裂，其功也；西施之沉，其美也[18]。”岂非明证哉？

作诗以真情说真境，方为作者。周濂溪[19]《和费令游山》诗云：“是处尘劳皆可息，清时终未忍辞官。”此由衷之语，何其温柔敦厚也。若婴情魏阙[20]，托兴青山，徒令人可厌耳。

杨升庵[21]尝评韩退之赠张曙诗云：“‘久钦江总文才妙，自叹虞翻骨相屯’，以忠直自比，而以奸邪待人，岂圣贤谦己恕人之意？此乃韩公生平病处，而宋人多学之，谓之占地步。心术先坏矣，何地步之有？”此论最当。今之人抑又甚焉，阴含讥讽，如讪如詈[22]，此小人之尤者，不可效也。

问：“《史记》‘庾死狱中’，何以谓之庾？”曰：“案《说文》，束缚捽枏为臾。‘臾’‘庾’，古通用也。”

郁九章来访，坐谈伍员[23]之“员”宜作“运”。父曰：“岂惟如此。澹台灭明之‘澹’，《管子》《淮南子》皆音‘潭’。”郁曰：“‘澹’与‘淡’同乎？”“‘淡’音‘琰’，‘澹’音‘潭’。《文选》‘澹淡’连用，本二字，非一字也。钟繇，字元常，取‘咎繇陈谟，彰厥有常’

之义，今多呼‘繇’为‘由’，亦误也。”郁曰：“此更有何证？”曰：“晋《世说》载庾公谓钟会曰：‘何以久？望卿遥遥不至。’谓举其父讳以嘲之，此明证矣。又五代王朴，朴，平豆反，而今人皆呼为‘樸’。似此之类，不可枚举。”

宋儒谓《易经》彖、象、卦、爻，皆取义于物。彖者，犀之名，状如犀而小角，善知吉凶，交广有之，土人名曰猪神，犀形独角，知几知微；是则彖者，取于几也。象，大荒之兽，人希见生象，按其图以想其形，名之曰像；是则象者，取于像也。孔颖达[24]云：“卦者，挂也，挂之于壁也，盖悬物之杙也。”近世杨慎非之，谓“卦者，圭也，古者造律制量，六十四黍为一圭，则六十四象总名为卦”，亦自有理。应劭曰：“圭者，自然之形，阴阳之始，则卦者亦自然之形，阴阳之始。其为字从卜，为义从圭，为声亦为义，古文‘圭’亦音‘卦’。”本经云：“爻者，交疏之窗也。其字象窗形，今之象眼窗也。一窗之孔六十四，六窗之孔凡三百八十四也。是则爻者，义所旁通也。”

坤顺乾而育物，阳资阴也；月远日而生明，阴避阳也。鱼生流水者，皆鳞白；鱼生止水者，皆鳞黑。

予夜读《君陈篇》，父问曰：“君陈是何人？”对曰：“不知。”曰：“是周公之子，伯禽之弟。王伯厚言之甚详，且《坊记》注有明文可证。”

比邻沈氏，世仇余家。吾母初来，吾弟兄尚幼。吾家有桃一株，生出墙外，沈辄锯之。吾兄弟见之，奔告吾母，母曰：“是宜然。吾家之桃，岂可僭[25]彼家之地？”沈亦有枣，生过予墙，枣初生，母呼吾弟兄戒曰：“邻家之枣，慎勿扑取一枚。”并诫诸仆为守护。及枣熟，请沈女使至家，而摘之，以盒送还。吾家有羊，走入彼园，彼即扑死。明日，彼有羊窜过墙来，群仆大喜，亦欲扑之，以偿昨憾。

母曰："不可。"命送还之。沈某病，吾父往诊之，贻之药。父出，母复遣人告群邻曰："疾病相恤，邻里之义。沈负病家贫，各出银五分以助之。"得银一两三钱五分，独助米一石。由是沈遂忘仇感义，至今两家姻戚往还。古语云：天下无不可化之人。谅哉！

有富室娶亲，乘巨舫[26]自南来，经吾门，风雨大作，舟触吾家船坊，倒焉。邻里共捽[27]其舟人，欲偿所费。吾母闻之，问曰："媳妇在舟否？"曰："在舟中。"因遣人谢诸邻曰："人家娶妇，期于吉庆。在路若赔钱，舅姑以为不吉矣。况吾坊年久，积朽将颓，彼舟大风急，非力所及，幸宽之。"众从命。

吾母爱吾兄弟，逾于己出。未寒思衣，未饥思食，亲友有馈果馔，必留以相饲。既娶妇，依然呴育[28]，无异龆龀[29]也。吾妇感其殷勤，泣语予曰："即亲生之母，何以逾此？"妻家或有馈，虽甚微鲜，不敢私尝，必以奉母。一日偶得鳜[30]，妇亲烹，命小僮胡松持奉，松私食之。少顷，妇见姑，问曰："鳜堪食否？"姑愕然良久，曰："亦堪食。"妇疑，退而鞫[31]松，则知其窃食状，复走谒姑，曰："鳜不送至，而曰堪食，何也？"吾母笑曰："汝问，则鳜必献。吾不食，则松必窃。吾不欲以口腹之故见人过也。"其厚德如此。

以上男袁襄录

注释

[1] 王伯安：即王守仁，字伯安，别号阳明。浙江绍兴府余姚县（今属宁波余姚）人，因曾筑室于会稽山阳明洞，自号阳明子，学者称之为阳明先生，

亦称王阳明。明代著名的思想家、文学家、哲学家和军事家，陆王心学之集大成者，精通儒家、道家、佛家。弘治十二年进士，晚年官至南京兵部尚书、都察院左都御史。谥文成，故后人又称王文成公。与孔子、孟子、朱熹，并称为孔、孟、朱、王。钱穆赞其是“明代学者的重镇、宋明理学的高峰”。

[2] 规规：浅陋拘泥貌。

[3] 操觚：作文。觚，古代用来书写的木简。

[4] 句读（dòu）：也称“句逗”。古人指文辞休止和停顿处。文辞语意已尽处为句，未尽而须停顿处为读。书面上用圈“。”或点“、”来标志。

[5] 岐嶷（qí yí）：形容幼年聪慧。

[6] 伊周勋业：伊，指伊尹，商初大臣，著名政治家；周，指周武王，西周王朝的建立者。勋业，功业。

[7] 昔曹子建文字好人讥弹，应时改定：语出曹植《与杨德祖书》：“世人之著述，不能无病，仆尝好人讥弹其文，有不善者，应时改定。”意为，世人的著述，不会没有一点毛病。我也喜欢自己的文章被人指点批评，但有不好的地方，会立即就改正过来。

[8] 韩退之：韩愈（768—824），字退之，世称韩昌黎，河阳（今河南省孟州市）人，祖籍河北昌黎，唐代杰出的文学家、思想家，古文运动的领袖，在中国散文发展史上地位崇高。思想上，韩愈崇奉儒学，力排佛老，同时宣扬天命论，认为“天”能赏善罚恶，人只能顺应和服从天命。著有《韩昌黎集》四十卷。

[9] 若其：假如，如果。

[10] 祖述坟典，宪章骚雅：遵循三坟、五典那样的古代典籍，效法《离骚》《诗经·大雅》式的文体。祖述，遵循。宪章，效法。

[11] 子厚：柳宗元，字子厚，唐代河东（今山西省永济市）人，唐代著名文学家、思想家。柳宗元为“唐宋八大家”之一，他曾和韩愈领导了历史上有名的古

文运动，堪称我国历史上最杰出的散文家。

[12] 其作《原道》，则崔豹《答牛生书》……也：韩愈作了《原道》则崔豹作《答牛生书》；韩愈作《讳辨》则张诚作《论旧名》；韩愈作《毛颖传》则袁淑作《太兰王九锡》；韩愈作《送穷文》则扬子云作《逐贫赋》。

[13] 是以至宝多疑，荆山有泪：据《韩非子·和氏》载：楚人和氏得玉于荆山，进献厉王，厉王派玉匠相之，玉匠言其非玉，厉王以欺君之罪而刖和氏左足。武王继位，和氏再献璞玉，又遭不信，并被刖右足。至文王时，和氏抱其玉哭于楚山之下，三日三夜，泪尽出血，乃得信。

[14] 许浑：唐代诗人，字用晦，润州（今江苏镇江）人。晚唐最具影响力的诗人之一。

[15] 少仕伪朝：李密《陈情表》中提及的“少仕伪朝”即是年轻时曾出任蜀国的尚书郎，后蜀被魏晋所灭，所以称其为伪朝。

[16] 李密：字令伯，一名虔，犍为武阳（今四川彭山）人。幼年丧父，母何氏改嫁，由祖母抚养成人。后李密以对祖母孝敬甚笃而名扬于乡里。师事当时著名学者谯周，博览五经。初仕蜀汉为尚书郎。蜀汉亡，晋武帝召为太子洗马，李密以祖母年老多病、无人供养而力辞。《陈情表》即写于此时。

[17] 盖当时子胥死，盛以鸱夷浮之江：语出《史记·伍子胥列传》：“吴王闻之大怒，乃取子胥尸盛以鸱夷革，浮之江中。”

[18] 吴起之裂，其功也；西施之沉，其美也：吴起之所以会给车裂，是因为他功劳太大了，西施之所以会沉水而死，是因为她太美了。

[19] 周濂溪：周敦颐，字茂叔，号濂溪，宋营道楼田堡（今湖南道县）人，北宋著名哲学家，理学派开山鼻祖。作《太极图说》《通书》，有《周子全书》传世。

[20] 魏阙：古代宫门外高大的建筑，后用作朝廷的代称。

[21] 杨升庵：即杨慎，明代文学家。11 岁能诗，正德六年（1511），考中殿试第一，授翰林院修撰。世宗继位，任经筵讲官。

[22] 如讪如詈（lì）：像是讥笑又像是责骂。

[23] 伍员：伍子胥，封于申地，故又称申胥。春秋时期楚国人。吴国大夫，杰出的政治家、军事家。

[24] 孔颖达：唐朝经学家，字冲远，冀州衡水（今属河北）人。隋大业初，授河内郡博士，补太学助教。隋末大乱，避地虎牢。入唐，任国子监祭酒。曾奉唐太宗命编纂《五经正义》，融合南北经学家的见解，是集魏晋南北朝以来经学大成的著作。

[25] 僭（jiàn）：古义为，超越本分。引申为超过，越过。

[26] 巨舫：大船。

[27] 捽（zuó）：揪；抓。

[28] 呴（hǒu）育：亦作呴喻，化育爱抚的意思。

[29] 龆龀（tiáo chèn）：亦作"髫龀"。垂髫换齿之时，指童年。龆，通"髫"。

[30] 鳜（guì）：鳜鱼。

[31] 鞫（jū）：审问。

庭帏杂录卷下

王虚中解书法，词之内不可减，减之则为凿[1]，凿则失本意；词之外不可增，增之则为赘，赘则坏本意。此至要之言，然得其词者浅，得其意者深。汝辈读书，勿专守着词语，须逆其志于词之内，会其神于词之外，庶有益耳。

仲尼题吴季子墓[2]，止曰“有吴延陵季子之墓”，议者谓胜碑碣千言。张子韶祭洪忠宣，止曰：“维某年月日，具官某，谨以清酌之奠，昭告于某官之灵。呜呼哀哉，伏惟尚飨！”景虚深美，其情悲怆乃过于词。可见文不如质，实能胜华，此可为作文之法。

象纬术数，君子通之，而不欲以是成名；诗词赋命，君子学之，而不欲以是哗世。何也？有本焉故也。

六朝颜之推，家法最正，相传最远，作《颜氏家训》，谆谆欲子孙崇正教，尊释学。宋吕蒙正[3]，晨起辄拜天，祝曰：“愿敬信三宝[4]者生于吾家。”不特其子公著为贤宰相，历代诸孙，如居仁、祖谦[5]辈，皆闻人贤士。此所当法也。

吾目中见毁佛辟教，及拆僧房、僭寺基者[6]，其子孙皆不振，或有奇祸。碌碌者姑不论。昆山魏祭酒崇儒辟释，其居官毁六祖[7]遗钵，居乡又拆寺、兴书院，毕竟绝嗣。继之者亦绝。聂双江为苏州太守，以兴儒教、辟异端为己任，劝僧蓄发归农。一时诸名公，如陆粲、顾存仁辈，皆佃[8]寺基。闻聂公无嗣，即有嗣，当亦不振也。吾友沈一之，孝弟忠信，古貌古心，醇然儒者也，然亦辟佛，近又拆庵为家庙。闻陆秀卿在岳州，亦专毁淫祠，而间及寺宇。论沈、陆之醇肠硕行[9]，虽百世子孙保之可也；论其毁法轻教，宁能无报乎？尔曹识之，吾不及[10]见也。

问作诗之法。曰：以情性为境，以无邪为法，以人伦物理[11]为用，以温柔敦厚为教，以凝神为入门，以超悟为究竟。

诗起于三百篇，学诗者皆沿其下稍，忘其本始。

起非分之思，开无谓之口，行无益之事，不如其已。

自小学久废，《尔雅》《释文》，无留心者，士人行文，多所谬误，虽正史，不免焉。按《说文》：率鸟者系生鸟以来之，名囮。囮音“由”，故猎人有囮鹿。唐吕温乃作《由鹿赋》，以“囮”为“由”，误也。蜀人谓老为皤，取“皤皤黄发”义，有贼王小皤作乱，《宋史》乃作王小波，当改正。

可爱之物，勿以求人；易犯之愆[12]，勿以禁人；难行之事，勿以令人。

终日戴天，不知其高；终日履地，不知其厚。故草不谢荣于雨露，子不谢生于父母。有识者，须反本而图报，勿贸贸[13]焉已也。

语云：斟[14]满，人概[15]之；人满，神概之。此良言也。智周万物，守之以愚；学高天下，持之以朴；德服人群，莅[16]之以虚。不待其满，而常自概之，虽鬼神，无如吾何矣。

“呢喃燕子语梁间，底事来惊梦里闲。说与旁人浑不解，杖藜携酒看芝山。”此刘季孙[17]诗也。季孙时以殿直监饶州酒，王荆公以提刑至饶，见是诗，大称赏之。适郡学生持状，请差官摄州学事，公判监酒殿直，一郡大惊，由是知名。“青衫白发旧参军，旋粜黄粱置酒樽。但得有钱留客醉，也胜骑马傍人门。”此庐秉诗也。荆公见而称之，立荐于朝，不数年登卿贰。《石林》《珊瑚诗话》侈载其事。今之上官，有惜才如荆公者乎？即著书满车，谁肯顾者？此英雄所以长摈[18]，世道所以日衰也。

见精[19]，始能为造道之言；养盛[20]，始能为有德之言。其见卑而言高，与养薄而徒事[21]造语者，皆典谟风雅之罪人也。

黄、苏[22]皆好禅。谈者谓子瞻是士夫禅，鲁直是祖师禅。盖优黄而劣苏也。人皆知二公终身以诗文为事，然二公岂浅浅者哉！子瞻无论其立朝大节，即阳羡买房焚券一细事，亦足砭污起懦。鲁直与人书，论学、论文，一切引归根本，未尝以区区文章为足恃者。《余冬序录》尝类其语，如云："学问文章，当求配古人，不可以贤于流俗自足。孝弟忠信，是此物根本，养得醇厚，使根深蒂固，然后枝叶茂耳。"又云："读书须一言一句，自求己身，方见古人用心处。如欲进道，须谢去外慕，乃得全功。"又云："置心一处，无事不辨。读书先令心不驰走，庶言[23]下有理会。"又云："学问以自见其性为难。诚见其性，坐则伏于几，立则垂于绅[24]，饮则形于尊彝[25]，食则形于笾豆[26]，升车则鸾和与之言，奏乐则钟鼓为之说，故无适而不当。至于世俗之学，君子有所不暇。"又云："学问须从治心养性中来，济以玩古之功，三月聚粮，可至千里，但勿欲速成耳。"此等处，皆汝辈所当服膺[27]也。

顾子声、王天宥、刘光浦在坐，设酒相款。刘称吾父大节凛然，细行不苟，世之完德君子也。父曰："岂敢当！尝自默默检点，有十过未除，正赖诸君之力，共刷除之。"王问："何者为十？"父曰："外缘役役，内志悠悠[28]，常使此日闲过，一也。闻人之过，口不敢言，而心常尤之，或遇其人，而不能救正，二也。见人之贤，岂不爱慕！思之而不能与齐，辄复放过，三也。偶有横逆，自反不切，不能感动人，四也。爱惜名节，不能包荒[29]，五也。（原文缺六）终日闲邪，而心不能无妄思，七也。有过辄悔，如不欲生，自谓永不复作矣，而日复一日，不觉不知，旋复忽犯，八也。布施而不能空其所有，忍辱而不能遣[30]之于心，九也。极慕清净而不能断酒肉，十也。"顾曰："谨受教。"且顾余兄弟曰："汝曹识之，此尊翁实心寡过也。"

夏雨初霁，槐阴送凉，父命吾兄弟赋诗。余诗先成，父击节称赏。时有惠葛者[31]，父命范裁缝制服赐余，而吾母不知也。及衣成，服以入谢，母询知其故，谓余曰："二兄未服，汝何得先？且以语言文字而遽享上服，将置二兄于何地？"褫衣[32]藏之，各制一衣赐二兄，然后服。

吾父不问家人生业，凡薪菜交易，皆吾母司之。秤银既平，必稍加毫厘。余问其故，母曰："细人生理至微[33]，不可亏之。每次多银一厘，一年不过分外多使银五六钱，吾旋节他费补之。内不损己，外不亏人。吾行此数十年矣，儿曹世守之，勿变也。"

余幼颇聪慧，母欲教习举子业，父不听，曰："此儿福薄，不能享世禄，寿且不永，不如教习六德六艺[34]，做个好人。医可济人，最能种德，俟稍长，当遣习医。"余十四岁，五经诵遍，即遣游文衡山先生之门，学字学诗。既毕姻[35]，授以古医经，令如经史潜心玩之，且嘱余曰："医有八事须知。"余请问父，曰："志欲大而心欲小，学欲博而业欲专，识欲高而气欲下，量欲宏而守欲洁。发慈悲恻隐之心，拯救大地含灵[36]之苦，立此大志矣；而于用药之际，兢兢以人命为重，不敢妄投一剂，不敢轻试一方，此所谓小心也。上察气运于天，下察草木于地，中察情性于人，学极其博矣；而业在是，则习在是，如承蜩，如贯虱[37]，毫无外慕，所谓专也。穷理养心，如空中朗月，无所不照，见其微而知其著，察其迹而知其因，识诚高矣；而又虚怀降气，不弃贫贱，不嫌臭秽，若痌瘝[38]乃身而耐心救之，所谓气之下也。遇同侪相处，己有能则告之，人有善则学之，勿存形迹，勿分尔我，量极宏矣；而病家方苦，须深心体恤，相酬之物，富者资为药本，贫者断不可受，于合室皱眉之日，岂忍受以自肥？戒之，戒之！"

表弟沈称病，心神恍惚，多惊悸不宁，求药于余。既授之，父偶见，命取半天河水煎之。半天河水者，乃竹篱头、空树中水也。称问：“水不同乎？”父曰：“不同。《衍义》曾辨之，未悉也。半天河水在上，天泽水也，故治心病。腊雪水，大寒水也，故解一切热毒。井华水，清冷澄澈水也，故通九窍，明目，去酒后热痢。东流水者，顺下之水也，故下药用之。倒流水者，回旋流止之水也，故吐药用之。地浆水者，掘地作坎，以水搅浑，得土气之水也，故能解诸毒。甘烂水者，以木盆盛水，杓[39]扬千遍，泡起作珠数千颗，此乃搅揉气发之水也，故治霍乱，入膀胱，止奔豚[40]也。”

以上男袁裳录

注释

[1] 凿：明确。此处指清晰，确凿。

[2] 吴季子：季札（前576—前484），姬姓，名札，又称公子札，春秋时吴王寿梦第四子，封于延陵（今常州一带），后又封州来，传说为避王位“弃其室而耕”于常州武进焦溪的舜过山下。季札不仅品德高尚，而且是具有远见卓识的政治家和外交家。广交当世贤士，死后葬于上湖（今江阴申港），传说碑铭“呜呼有吴延陵君子之墓”十个古篆是孔子所书。

[3] 吕蒙正：字圣功，河南洛阳人，北宋初年宰相。太平兴国二年丁丑科状元。授将作监丞，升州通判，后三次登上相位，封许国公，授太子太师。吕蒙正宽厚正直，对上遇礼敢言，对下则宽容有雅度。卒后，谥文穆，赠中书令。

[4] 敬信三宝：指笃信佛法的人。三宝，指佛、法、僧。

[5] 居仁：吕本中（1084—1145），字居仁，世称东莱先生，祖籍莱州，寿州

（今安徽寿县）人。仁宗朝宰相吕夷简玄孙，哲宗元佑年间宰相吕公著曾孙，荥阳先生吕希哲孙，南宋东莱郡侯吕好问子。宋代诗人、词人、道学家。祖谦：即吕祖谦，字伯恭，世称“东莱先生”，为与伯祖吕本中相区别，亦有“小东莱先生”之称。婺州（今浙江金华）人，原籍寿州（今安徽凤台）。南宋著名理学家，出身“东莱吕氏”，为吕夷简六世孙、吕大器之子。

[6] 吾目中见毁佛辟教，及拆僧房、僭寺基者：我曾看到那些毁坏佛像，鞭笞佛理，以及拆改僧房，盖房的房基超过寺基的人。辟教，斥佛教，驳佛理。僭，超越。

[7] 六祖：禅宗六祖惠能大师。六祖对中国佛教以及禅宗的弘化具有深远和坚实的影响。惠能得到五祖弘忍传授衣钵，继承了东山法脉并建立了南宗，弘扬“直指人心，见性成佛”的顿教法门。

[8] 佃（diàn）：耕作。

[9] 醇肠硕行：醇厚的心肠，贤德的行径。

[10] 不及：赶不上；来不及。

[11] 物理：事物的道理。

[12] 愆：罪过，过失。

[13] 贸贸：昏庸糊涂。

[14] 斟：汤汁，羹汁。

[15] 概：刮平斗、斛用的小木板。

[16] 莅（lì）：治理，管理。此处引申为修养，修正。

[17] 刘季孙：北宋诗人，字景文，祥符（今河南开封）人，宋仁宗嘉祐年间，以左班殿直监饶州酒务，摄州学事，因苏轼荐知隰州，仕至文思副使。博通史传，性好异书古文石刻，仕宦所得禄赐尽于藏书之费。

[18] 摈（bìn）：排除，抛弃。

[19] 见精：见解精深。

[20] 养盛：修养厚盛。

[21] 徒事：毫无意义的事。

[22] 黄、苏：黄，即黄庭坚，字鲁直，号山谷道人，为洪州分宁人。举进士，调叶县尉。熙宁初，教授北京国子监。鲁直擅文章、诗词，尤工书法。诗风奇崛瘦硬，力摈轻俗之习，开一代风气。早年受知于苏轼，与张耒、晁补之、秦观并称“苏门四学士”。诗与苏轼并称“苏黄”，有《豫章黄先生文集》。苏，即苏轼，字子瞻，号东坡居士。眉州眉山（今属四川省眉山市）人。宋代著名的文学家。宋仁宗嘉祐年间进士。其诗题材广阔，清新豪健。词开豪放一派，与辛弃疾同是豪放派代表，并称“苏辛”。又工书画。有《东坡七集》《东坡易传》《东坡乐府》等。

[23] 庶言：群言；舆论。

[24] 绅：古代士大夫束腰的大带子。

[25] 尊彝：尊、彝均为古代酒器。

[26] 笾（biān）豆：笾和豆。古代祭祀及宴会时常用的两种礼器。竹制为笾，木制为豆。

[27] 服膺（yīng）：记在心；衷心信奉。

[28] 外缘役役，内志悠悠：外事很多，而内心又漂浮不定。役役，形容劳苦不休。悠悠，形容忧愁思虑的样子。

[29] 包荒：包含荒秽，谓度量宽大。

[30] 遣：排解，化解。

[31] 惠葛者：赠送布料的人。惠，赠送。葛，表面有花纹的纺织品，用丝做经，棉线或麻线等做纬。

[32] 褫（chǐ）衣：脱去衣服。

[33] 细人生理至微：这些地位卑下的生意人收益都很微薄。细人，地位卑微之人。

[34] 六德：智、信、圣、仁、义、忠。六艺：礼、乐、射、御、书、数。

[35] 毕姻：泛指男女结婚。

[36] 含灵：指具有灵性的人类。

[37] 如承蜩，如贯虱：如用竹竿套取树上的蝉，用弓箭射远处虱子的心，形容专心苦练技艺，达到高超的境界。

[38] 痌瘝（tōng guān）：病痛，疾苦。

[39] 杓：通“勺”。

[40] 奔豚：又称奔豚气，是一种中国古代的病名，隶属肾之积。

古人慎言，不但非礼勿言也，《中庸》所谓庸言，乃孝弟忠信之言，而亦谨之。是故万言万中，不如一默。

童子涉世未深，良心未丧，常存此心，便是作圣之本。

癸卯除夕家宴，母问父曰：“今夜者，今岁尽日也。人生世间，万事皆有尽日。每思及此，辄有凄然遗世之想。”父曰：“诚然。禅家以身没之日为腊月三十日，亦喻其有尽也。须未至腊月三十日而预为整顿，庶[1]免临期忙乱耳。”母问：“如何整顿？”父曰：“始乎收心，终乎见性。”予初讲《孟子》，起对曰：“是学问之道也。”父颔之。

余幼学作文，父书“八戒”于稿簿之前，曰：“毋剿袭[2]，毋雷同，毋以浅见而窥，毋以满志而发，毋以作文之心而妄想俗事，毋以鄙秽之念而轻测真诠[3]，毋自是而恶人言，毋倦勤而怠己力。[4]”

韩退之《符读书城南》[5]诗，专教子取富贵，识者陋[6]之。吾教尔曹正心诚意，能之乎？予应曰："能。"问："心若何而正？"对曰："无邪即正。"问："意若何而诚？"曰："无伪即诚。"叱曰："此口头虚话，何可对大人？须实思其何以正，何以诚，始得。"余瞿然有省[7]。

诗文有主有从。文以载道，诗以道性情。道即性情，所谓主也；其文词，从也。但使主人尊重，即无仆从，可以遗世独立而蕴藉[8]有余。今之作文者，类有从无主，鞶帨徒饰而实意索然。文果如斯而已哉！

野葛虽毒，不食则不能伤生；情欲虽危，不染则无由累已。问："何得不染？"曰："但使真心不昧，则欲念自消。偶起即觉，觉之即无，如此而已。"

古人有言畸人[9]硕士[10]，身不庸于时，名不显于世，郁其积而不得施，终于沦落，而万分一不获自见者，岂天遗之乎？时已过矣，世已易矣，乃一旦其后之人勃兴焉。此必然之理，屡屡有征者也。吾家积德，不试者数世矣，子孙其有兴焉者乎？

父自外归，辄掩一室而坐，虽至亲不得见之。予辈从户隙私窥，但见香烟袅绕，衣冠俨然，素须飘飘，如植如塑而已。

父与予讲《太极图》，吾母从旁听之。父指图曰："此一圈，从伏羲一画圈将转来，以形容无极太极的道理。"母笑曰："这个道理亦圈不住，只此一圈，亦是妄。"父告予曰："《太极图》汝母已讲竟。"遂掩卷而起。

父每接人，辄温然如春，然察之，微有不同。接俗人则正色缄口，诺诺无违[11]；接尊长则敛智黜华[12]，意念常下；接后辈则随方寄诲[13]，诚意可掬；惟接同志之友，则或高谈雄辩，耸听四筵，或婉语微词，频惊独坐，闻之者未始不爽然失[14]、帖然[15]服也。

毋以饮食伤脾胃，毋以床笫耗元阳，毋以言语损现在之福，毋以田地造子孙之殃，毋以学术误天下后世。

丙午六月，父患微疾，命移榻于中堂，告诸兄曰："吾祖、吾父皆预知死期，皆沐浴更衣，萧然坐逝，皆不死于妇人之手。我今欲长逝矣。"遂闭户谢客，日惟焚香静坐。至七月初四日，亲友毕集，诸兄咸在，呼予携纸笔进前，书曰："附赘乾坤七十年，飘然今喜谢尘缘。须知灵运终成佛，焉识王乔不是仙。身外幸无轩冕累，世间谩有性真传。云山千古成长往，那管儿孙俗与贤？"投笔而逝。

遗书二万余卷。父临没，命检其重者，分赐侄辈，余悉收藏，付余。母指遗书泣告曰："吾不及事汝祖，然见汝父博极群书，犹手不释卷。汝若受书而不能读，则为罪人矣。"予因取遗籍恣观[16]之，虽不能尽解，而涉猎广记，则自早岁然矣。

吾母当父存日，宾客填门，应酬不暇，而吾不见其忙；及父没，衡门悄然，形影相吊，而吾不见其逸。

以上男袁表录

注释

[1] 庶：或许。

[2] 剿袭：抄袭。

[3] 真诠：亦作"真筌"，真谛的意思。

[4] 毋自是而恶人言，毋倦勤而怠己力：不要自以为是而说他人的坏话，不

要因厌倦于勤劳的事而让自己懈怠。倦勤，其意是指厌倦于勤劳的事。

[5]《符读书城南》：韩愈著作中的一个家训名篇。

[6] 陋：轻视。

[7] 瞿然：畅厉，惊视的样子。

[8] 蕴藉：蕴藏。

[9] 畸人：指有独特志行、不同流俗的人。

[10] 硕士：贤良博学之士。

[11] 诺诺无违：连声答应，不与争辩，不提话题。

[12] 黜华：革除浮华。

[13] 随方寄诲：依据情势，寄寓教诲。

[14] 爽然失：形容茫无主见，无所适从。爽然，开朗舒畅的样子。

[15] 帖然：顺从服气，俯首收敛。

[16] 恣观：放纵，恣意地阅读。

潘用商与吾父友善，其子恕无子，余幼鞠[1]于其家。父没，母收回，告曰："一家有一家气习。潘虽良善，其诗书礼义之习，不若吾家多矣。吾蚤收汝，随诸兄学习，或有可成。"

予随四兄夜诵，吾母必执女工[2]相伴，或至夜分，吾二人寝，乃寝。

吾父不刻吾祖文集，以吾祖所重不在文也。及书房雨漏，先集朽不可整，始悔之。吾父亡，吾母命诸兄先刻《一螺集》，曰毋贻后悔。

遇四时佳节，吾母前数日造酒以祭。未祭，不敢私尝一滴也。临祭，一牲一菜皆洁诚专设。既祭，然后分而享之。尝语余曰："汝父年七十，每祭未尝不哭，以不逮[3]养也。汝幼而无父，欲养无由，可不尽诚于祀典哉？”

每遇时物[4]，虽微必献；未献，吾辈不敢先尝。

四兄善夜坐，尝至四鼓；余至更余辄睡，然善早起。四兄睡时，母始睡；及吾起，母又起矣。终夜不得安枕。鞠育之苦，所不忍言。

二兄移居东墅，予与四兄起，从之学。家僮名阿多者，送吾二人至馆。及归，见路旁蚕豆初熟，采之盈襭[5]。母见，曰：“农家待此以食，汝何得私取之？”命付米一升，偿其直。四兄闻而问母曰：“娘虽付米，阿多必不偿人[6]。”母曰：“必如此，然后吾心始安。”

四兄补邑弟子[7]，母语余曰：“汝兄弟二人，辟犹一体。兄读书有成，而弟不逮，岂惟弟有愧色，即兄之心，当亦歉然也。愿汝常念此，努力进修。读书未熟，虽倦不敢息；作文未工，虽钝不敢限。百倍加工，何远不到？”

乙卯，四兄进浙场[8]，文极工，本房取首卷。偶以《中庸》义太凌驾，不得中式，后代巡[9]行文给赏[10]。母语余曰：“文可中而不中，是谓之命。倘文犹未工，虽命，非命也。尔勉之。第[11]勤修其在己者，得不得，勿计也。”

三兄早世，吾母哭之哀，告余曰：“汝父原说其不寿，今果然。”因收七侄、八侄教育之，如吾兄弟幼时。茹苦忍辛，盖无一日乐也。

余与二侄同入泮[12]，母曰：“今日服衣巾[13]，便是孔门弟子。纤毫有玷，便遗愧儒门。”以是余兢兢自守，不敢失坠。

吾祖怡杏翁置房于亭桥西浒，父遗命授余。母告曰：“房之西，王鸾之屋也。当时鸾初造楼，而邑丞[14]倪玑严行火巷之例，法应毁[15]。汝父怜之，毁己之房以代彼，但就倪批一官帖，以明疆界而已。汝体父此意，则一切邻居，皆当爱恤，皆当屈己伸人。尝记汝父有言：‘君子当容人，毋为人所容；宁人负我，毋我负人。’倘万分一为人所容，又万分一我或负人，岂惟有愧父兄，实亦惭负天地，不可为人矣。”

吾母暇则纺纱，日有常课。吾妻陆氏劝其少息，曰：“古人有一日不作一日不食之戒，我辈何人，可无事而食？”故行年八十，而服业不休。

远亲旧戚，每来相访，吾母必殷勤接纳，去则周之，贫者必程其所送之礼加数倍相酬，远者给以舟行路费，委曲周济，惟恐不逮。有胡氏、徐氏二姑，乃陶庄远亲，久已无服[16]，其来尤数，待之尤厚，久留不厌也。刘光浦先生尝语四兄及余曰：“众人皆趋势[17]，汝家独怜贫。吾与汝父相交四十余年，每遇佳节，则穷亲满座，此至美之风俗也。汝家后必有闻人，其在尔辈乎？”

九月将寒，四嫂欲买绵为纯帛之服以御寒。母曰：“不可。三斤绵，用银一两五钱。莫若止以银五钱，买绵一斤。汝夫及汝冬衣，皆以枲[18]为骨，以绵覆之，足以御冬。余银一两，买旧碎之衣，浣濯补缀，便可给贫者数人之用。恤穷济众，是第一件好事，恨无力，不能广施，但随事节省，尽可行仁。”

母平日念佛，行住坐卧皆不辍，问其故，曰：“吾以收心也。尝闻汝父有言：‘人心如火。火必丽木，心必丽事，故曰必有事焉。’一提佛号，万妄俱息，终日持之，终日心常敛也。”

四兄登科报至，吾母了无喜色，但语予曰：“汝祖、汝父读尽天下书，汝兄今始成名，汝辈更须努力。”

以上男袁衮录

注释

[1] 鞠（jū）：养育，抚养。

[2] 女工：也称女红，旧时指女子所做的针线、纺织、刺绣、缝纫等工作和这些工作的成品。

[3] 不逮：不及。

[4] 时物：时令物品。

[5] 盈襭（xié）：用衣襟满满兜了一兜。襭，用衣襟兜起来。

[6] 偿人：归还，偿还给他人。

[7] 补邑弟子：增补为本县的弟子员。邑，本县。弟子，即弟子员，对太学生的称谓。

[8] 浙场：浙江的考场。

[9] 代巡：官名。原为巡抚，明初指京官巡察地方。

[10] 给赏：赏赐。

[11] 第：科举考试及第、高中。

[12] 入泮（pàn）：古代学宫前有泮水，故称学校为泮宫。

[13] 服衣巾：此处指穿上儒服。

[14] 邑丞：县丞。

[15] 法应毁：按法例当拆除。

[16] 无服：古丧制指五服之外无服丧关系称“无服”。

[17] 趋势：趋奉权力。

[18] 枲（xǐ）：麻类植物的纤维。

了凡四训

袁黄

导读

全书包括“立命之学”“改过之法”“积善之方”“谦德之效”四篇。这四篇文章被称为《袁了凡先生四训》，后世遂以《了凡四训》流传。该书对于人们修身向善有积极的促进作用。如在“立命之学”中，袁黄不相信“福祸是天命”之说，认为福祸是自己所求的。在“改过之法”中，袁黄强调一个人要想获福远祸，就要勇于改正自己的过错，而改过的关键则是从心上改。他说：“何谓从心而改？过有千端，惟心所造，吾心不动，过安从生？学者于好色、好名、好货、好怒种种诸过，不必逐类寻求，但当一心为善，正念现前，邪念自然污染不上。如太阳当空，魍魉潜消，此精一之真传也。过由心造，亦由心改，如斩毒树，直断其根，奚必枝枝而伐、叶叶而摘哉？”在“积善之方”中，袁黄认为善恶的标准当以是否有利于他人为准则，指出：“有益于人是善，有益于己是恶。有益于人，则殴人詈人皆善也；有益于己，则敬人礼人皆恶也。是故人之行善，利人者公，公则为真；利己者私，私则为假。又根心者真，袭迹者假。又无为而为者真，有为而为者假。皆当自考。”

该书颇受后人推崇，曾国藩读后深受感动，并改号涤生，“涤者，取涤其旧染之污也；生者，取明袁了凡之言‘从前种种，譬如昨日死；

从后种种，譬如今日生’也”。印光法师则评价说：“袁了凡先生训子四篇，文理俱畅，豁人心目。读之自有欣欣向荣，亟欲取法之势，洵淑世良谟也。”

作者简介

袁黄（1533—1606），初名表，字坤仪，初号学海，后改号了凡。明代嘉兴府嘉善县魏塘镇人，晚年辞官后曾隐居吴江芦墟赵田村。明代思想家、慈善家、学者。万历五年（1577）会试，初拟取第一，因策论违逆主试官而落第。后更名黄。万历十四年（1586）中进士，为万历初嘉兴府三名家之一。奉命清核苏松钱粮，上《赋役议》，又请减免额外加征米银10余条款，被豪绅所阻而作罢。曾任宝坻知县，在任上，袁黄下令疏浚河道、植树挖沙、筑堤开渠、垦荒种植，成绩斐然。后巡抚因袁黄通晓边疆事宜，遂召之共议大计。万历二十年（1592）调任兵部职方主事，这时正值日本侵略朝鲜，明廷出师援朝，袁黄奉命到军营赞画，与刘黄裳浮海渡鸭绿江。提督李如松与袁黄有隙，派袁黄守平壤，不增拨一兵一卒。日军突至，袁黄率部及朝兵击退之。不久李如松兵败，诬袁黄罪状，遂罢归家居，闭户著书。卒年74岁。天启元年（1621），吏部尚书赵南星追叙袁黄东征功勋，赠尚宝司少卿。清乾隆二年（1737）入祀魏塘书院内“六贤祠”，浙江巡抚纳兰常安撰“祠堂记”，赞为“挥击阉竖，九死不悔”。袁黄著作甚多，其中《袁了凡家训》流传最广。

立命之学

余童年丧父，老母命弃学举业学医，谓可以养生，可以济人，且习一艺以成名，尔父夙心也。后余在慈云寺遇一老者，修髯伟貌，飘飘若仙，余敬礼之。语余曰："子仕路中人也，明年即进学，何不读书？"余告以故，并叩老者姓氏里居。曰："吾姓孔，云南人也。得邵子皇极数[1]正传，数该传汝。"余引之归，告母。母曰："善待之。"试其数，纤悉[2]皆验。余遂启读书之念。谋之表兄沈称，言："郁海谷先生在沈友夫家开馆，我送汝寄学甚便。"余遂礼郁为师。

孔为余起数[3]：县考童生[4]，当十四名；府考[5]七十一名；提学[6]考第九名。明年赴考，三处名数皆合。复为卜终身休咎[7]，言：某年考第几名；某年当补廪[8]；某年当贡[9]；贡后某年当选四川一大尹[10]，在任三年半，即宜告归；五十三岁八月十四日丑时，当终于正寝，惜无子。余备录而谨记之。

自此以后，凡遇考校，其名数先后，皆不出孔公所悬定者。独算余食廪米[11]九十一石五斗当出贡[12]，及食米七十一石，屠宗师即批准补贡，余窃疑之。后果为署印[13]杨公所驳。直至丁卯年，殷秋溟宗师见余场中备卷，叹曰："五策，即五篇奏议也。岂可使博洽淹贯[14]之儒，老于窗下乎？"遂依县申文准贡。连前食米计之，实九十一石五斗也。余因此益信进退有命，迟速有时，澹然无求矣。

贡入燕都，留京一年，终日静坐，不阅文字。己巳归，游南雍[15]。未入监，先访云谷会禅师[16]于栖霞山中，对坐一室，凡三昼夜不瞑目。云谷问曰："凡人所以不得作圣者，只为妄念[17]相缠耳。汝坐三日，不见起一妄念，何也？"余曰："吾为孔先生算定，荣辱生死，皆有定数，即要妄想，亦无可妄想。”云谷笑曰：“我待汝是豪杰，原来只是凡夫。”问其故，曰：“人未能无心，终为阴阳所缚，安得无数？但惟凡人有数，极善之人，数固拘他不定；极恶之人，数亦拘他不定。汝二十年来被他算定，不曾转动一毫，岂非是凡夫？”余问曰：“然则数可逃乎？”曰：“命由我作，福自己求。《诗》《书》所称，的为明训。我教典中说：‘求富贵得富贵，求男女得男女，求长寿得长寿。’夫妄语乃释迦大戒。诸佛菩萨，岂诳语欺人？”余进曰：“孟子言‘求则得之’，是求在我者也。道德仁义可以力求，功名富贵如何求得？”云谷曰：“孟子之言不错，汝自错解了。汝不见六祖说：‘一切福田[18]，不离方寸[19]；从心而觅，感无不通。’求在我，不独得道德仁义，亦得功名富贵，内外双得，是求有益于得也。若不反躬内省，而徒向外驰求，则求之有道而得之有命矣，内外双失，故无益。”

因问：“孔公算汝终身若何？”余以实告。云谷曰：“汝自揣应得科第否？应生子否？”余追省良久，曰：“不应也。科第中人，有福相。余福薄，又不能积功累行以基厚福；兼不耐烦剧[20]，不能容人；时或以才智盖人，直心直行，轻言妄谈。凡此皆薄福之相也，岂宜科第哉？地之秽者多生物，水之清者常无鱼；余好洁。宜无子者一。和气能育万物，余善怒。宜无子者二。爱为生生之本，忍为不育之根；余矜惜[21]名节，常不能舍己救人。宜无子者三。多言耗气，宜无子者四。喜饮铄精，宜无子者五。好彻夜长坐而不知葆元毓神[22]，宜无子者六。其余过恶尚多，不能悉数。”

云谷曰：“岂惟科第哉？世间享千金之产者，定是千金人物；享百金之产者，定是百金人物；应饿死者，定是饿死人物。天不过因材而笃，几曾加纤毫意思？即如生子，有百世之德者，定有百世子孙保之；有十世之德者，定有十世子孙保之；有三世二世之德者，定有三世二世子孙保之。其斩焉无后者，德至薄也。汝今既知非，将向来不发科第及不生子之相，尽情改刷。务要积德，务要包荒[23]，务要和爱，务要惜精神。从前种种，譬如昨日死；从后种种，譬如今日生。此义理再生之身也。夫血肉之身尚然有数，义理之身岂不能格天[24]？太甲[25]曰：‘天作孽，犹可违；自作孽，不可活。’《诗》云：‘永言配命[26]，自求多福。’孔先生算汝不登科第、不生子者，此天作之孽，犹可得而违。汝今扩充德性，力行善事，多积阴德，此自己所作之福也，安得而不受享乎？《易》为君子谋，趋吉避凶。若言天命有常，吉何可趋，凶何可避？开章第一义，便说：‘积善之家，必有余庆。’汝信得及否？”

余信其言，拜而受教。因将往日之罪，佛前尽情发露，为疏一通，先求登科，誓行善事三千条，以报天地祖宗之德。云谷出“功过格”[27]示余，令所行之事逐日登记，善则记数，恶则退除，且教持《准提咒》[28]，以期必验。语余曰：“符箓家有云：‘不会书符，被鬼神笑。’此有秘传，只是不动念也。执笔书符，先把万缘放下，一尘不起。从此念头不动处下一点，谓之‘混沌开基’。由此而一笔挥成，更无思虑，此符便灵。凡祈天立命，都要从无思无虑处感格。孟子论立命之学，而曰‘夭寿不贰’。夫夭与寿，至贰者也。当其不动念时，孰为夭，孰为寿？细分之，丰歉不贰，然后可立贫富之命；穷通不贰，然后可立贵贱之命；夭寿不贰，然后可立生死之命。人生世间，惟死生为重，夭寿则一切顺逆皆该之矣。至‘修身以俟[29]之’，乃积德祈天之事。曰修，则身有过恶，皆当治而去之；曰俟，则一毫觊觎，一毫将迎，皆当斩绝之矣。到此地位，直造先天之境，即此便是实学。汝未能无心，但能持《准提咒》，无记无数，不令间断，持得纯熟，于持中不持，于不持中持。到得念头不动，则灵验矣。”

余初号学海，是日改号了凡。盖悟立命之说，而不欲落凡夫窠臼也。从此而后，终日兢兢，便觉与前不同。前日只是悠悠放任，到此自有战兢惕厉[30]景象。在暗室屋漏中，常恐得罪天地鬼神；遇人憎我毁我，自能恬然容受。到明年，礼部考科举，孔先生算该第三，忽考第一，其言不验。而秋闱[31]中式矣。然行义未纯，检身多误；或见善而行之不勇，或救人而心常自疑；或身勉为善而口有过言，或醒时操持而醉后放逸。以过折功，日常虚度。自己巳岁发愿，直至己卯岁，历十余年，而三千善行始完。

时方从李渐庵入关，未及回向[32]。庚辰南还，始请性空、慧空诸上人，就东塔禅堂回向。遂起求子愿，亦许行三千善事。辛巳，生汝天启。余行一事，随以笔记。汝母不能书，每行一事，辄用鹅毛管印一朱圈于历日之上。或施食贫人，或买放生命，一日有多至十余圈者。至癸未八月，三千之数已满，复请性空辈就家庭回向。九月十三日，复起求中进士愿，许行善事一万条。丙戌登第，授宝坻知县。余置空格一册，名曰“治心篇”。晨起坐堂，家人携付门役，置案上，所行善恶，纤悉必记。夜则设桌于庭，效赵阅道[33]焚香告帝。汝母见所行不多，辄颦蹙[34]曰：“我前在家相助为善，故三千之数得完。今许一万，衙中无事可行，何时得圆满乎？”夜间偶梦见一神人，余言善事难完之故，神曰：“只减粮一节，万行俱完矣。”盖宝坻之田，每亩二分三厘七毫；余为区处[35]，减至一分四厘六毫。委有此事，心颇惊疑。适幻余禅师自五台来，余以梦告之，且问此事宜信否。

师曰："善心真切，即一行可当万善，况合县减粮，万民受福乎？"吾即捐俸银，请其就五台山斋僧一万而回向之。

孔公算予五十三岁有厄。余未尝祈寿，是岁竟无恙，今六十九矣。《书》曰"天难谌[36]，命靡常。"又云"惟命不于常"，皆非诳语。吾于是而知：凡称祸福自己求之者，乃圣贤之言；若谓祸福惟天所命，则世俗之论矣。

汝之命未知若何？即命当荣显，常作落寞想；即时当顺利，常作拂逆[37]想；即眼前足食，常作贫窭[38]想；即人相爱敬，常作恐惧想；即家世望重，常作卑下想；即学问颇优，常作浅陋想。远思扬祖宗之德，近思盖父母之愆[39]；上思报国之恩，下思造家之福；外思济人之急，内思闲[40]己之邪。务要日日知非，日日改过。一日不知非，即一日安于自是；一日无过可改，即一日无步可进。天下聪明俊秀不少，所以德不加修、业不加广者，只为"因循"二字耽阁一生。云谷禅师所授立命之说，乃至精至邃[41]、至真至正之理，其熟玩而勉行之，毋自旷也。

注释

[1] 邵子皇极数：邵子，即邵雍，字尧夫，谥康节。宋代著名理学家、易学大师。著有《皇极经世》。皇极数，来源于《皇极经世》一书。其说以八卦之数推人祸福吉凶，是邵雍的一部著名易学著作，共十二卷。据说《内篇》系邵雍所著，《外篇》系其子伯温和弟子所记。

[2] 纤悉：细微详尽。

[3] 起数：占卜用语，即算卦。

[4] 县考童生：由知县主持的考试，试期多在二月。县考：县试。童生：明清时期，府、州、县学的应考者称童生。

[5] 府考：府试。科举考试中由府一级进行的考试。试期多安排在四月，被府试录取之后即取得院试资格。

[6] 提学：学官名，负责管理所属州、县学校和教育行政工作，简称“提学”，每年视察各地学校，查考师生勤惰优劣。

[7] 休咎（jiù）：吉凶。

[8] 补廪（lǐn）：明清科举制度，生员经岁、科两试成绩优秀者，增生可依次升廪生，谓之“补廪”。

[9] 贡：贡生，指的是科举时代，挑选府、州、县生员（秀才）中成绩优秀或资格老的，送入国子监继续学习的学生。

[10] 大尹：对府县行政长官的尊称。

[11] 廪米：指官府按月发给在学生员的粮食。

[12] 出贡：科举考试中屡试不弟的贡生，可按资历依次到京，由吏部选任杂职小官。

[13] 署印：代理官职。

[14] 博洽淹贯：学问很广博。

[15] 南雍：明代对设在南京国子监的代称。

[16] 云谷禅师：明代高僧，法名“法会”，又号“云谷”。祖籍浙江省嘉善县胥山镇，俗姓怀。

[17] 妄念：佛教意为凡夫贪恋六尘境界的心。

[18] 福田：佛教以为供养布施，行善修德，能受福报，犹如播种田地，一定会有收获。

[19] 方寸：指内心。

[20] 烦剧：纷繁杂碎。

[21] 矜惜：怜惜，珍惜。

[22] 葆元毓（yù）神：保养元气，养育心神。葆：保持。毓：养育。

[23] 包荒：原谅，宽容。

[24] 格天：感通于天。

[25] 太甲：《尚书》记载了商王太甲与伊尹的事迹。

[26] 配命：配合天命而行事。

[27] 功过格：古时民间记录每日自己善恶、考查功过的表格。

[28]《准提咒》：指佛母准提神咒。

[29] 俟：等待。

[30] 惕厉：谨慎戒惕，心存危惧。

[31] 秋闱（wéi）：亦称“秋试”。明清时每隔三年的八月间在各省省城举行乡试，因时值秋季，故称秋闱。闱：考场。

[32] 回向：佛教语。回：回转。向：趋向。回转自己所修的功德而趋向于所期，谓之回向。

[33] 赵阅道：北宋官员，字阅道，号知非子。衢州西安（今浙江衢县）人，景祐年间进士。为官清廉，任成都转运使，到任时随身只带一琴一鹤。赵阅道善于内省，《宋史》记载“日所为事，入夜必衣冠露香以告于天，不可告，则不敢为也”。

[34] 颦蹙（cù）：皱眉蹙额。形容忧愁不乐。

[35] 区处：处理，筹划安排。

[36] 谌（chén）：相信。

[37] 拂逆：违背，不顺。

[38] 贫窭（jù）：穷困。窭：生活困窘。

[39] 愆：过失，差错，罪过。

[40] 闲：限制，防止。

[41] 邃：深远。

改过之法

春秋诸大夫，见人言动，亿[1]而谈其祸福，靡[2]不验者，《左》《国》[3]诸记可观也。大都吉凶之兆，萌乎心而动乎四体，其过于厚者常获福，过于薄者常近祸。俗眼多翳[4]，谓有未定而不可测者。至诚合天，福之将至，观其善而必先知之矣；祸之将至，观其不善而必先知之矣。今欲获福而远祸，未论行善，先须改过。

但改过者，第一要发耻心。思古之圣贤与我同为丈夫，彼何以百世可师？我何以一身瓦裂？耽[5]染尘情，私行不义，谓人不知，傲然无愧，将日沦于禽兽而不自知矣。世之可羞可耻者，莫大乎此。孟子曰："耻之于人大矣。"以其得之则圣贤，失之则禽兽耳。此改过之要机也。

第二要发畏心。天地在上，鬼神难欺。吾虽过在隐微，而天地鬼神，实鉴临[6]之，重则降之百殃，轻则损其现福。吾何可以不惧？不惟此也，闲居之地，指视昭然。吾虽掩之甚密，文[7]之甚巧，而肺肝早露，终难自欺；被人觑破，不值一文矣。乌得不懔懔[8]？不惟是也，一息尚存，弥天之恶，犹可悔改。古人有一生作恶，临死悔悟，发一善念，遂得善终者。谓一念猛厉，足以涤百年之恶也。譬如千年幽谷，一灯才照，则千年之暗俱除。故过不论久近，惟以改为贵。但尘世无常，肉身易殒，一息不属，欲改无由矣。明则千百年担负恶名，虽孝子慈孙，不能洗涤；幽则千百劫沉沦狱报，虽圣贤佛菩萨，不能援引。乌得不畏？

第三须发勇心。人不改过，多是因循退缩。吾须奋然振作，不用迟疑，不烦等待。小者如芒刺在肉，速与抉剔；大者如毒蛇啮指，速与斩除，无丝毫凝滞。此风雷之所以为益也。

具是三心，则有过斯改，如春冰遇日，何患不消乎？然人之过，有从事上改者，有从理上改者，有从心上改者。工夫不同，效验亦异。如前日杀生，今戒不杀；前日怒詈，今戒不怒。此就其事而改之者也。强制于外，其难百倍，且病根终在，东灭西生，非究竟廓然之道也。

善改过者，未禁其事，先明其理。如过在杀生，即思曰：上帝好生，物皆恋命，杀彼养己，岂能自安？且彼之杀也，既受屠割，复入鼎镬[9]，种种痛苦，彻入骨髓；己之养也，珍膏罗列，食过即空。疏食菜羹，尽可充腹，何必戕[10]彼之生，损己之福哉？又思血气之属，皆含灵知，既有灵知，皆我一体。纵不能躬修至德，使之尊我亲我，岂可日戕物命，使之仇我憾我于无穷也？一思及此，将有对食痛心，不能下咽者矣。如前日好怒，必思曰：人有不及，情所宜矜[11]，悖理相干，于我何与？本无可怒者。又思天下无自是之豪杰，亦无尤人之学问。行有不得，皆己之德未修、感未至也。吾悉以自反，则谤毁之来，皆磨炼玉成[12]之地，我将欢然受赐，何怒之有？又闻谤而不怒，虽谗焰熏天，如举火焚空，终将自息；闻谤而怒，虽巧心力辩，如春蚕作茧，自取缠绵。怒不惟无益，且有害也。其余种种过恶，皆当据理思之。此理既明，过将自止。

何谓从心而改？过有千端，惟心所造，吾心不动，过安从生？学者于好色、好名、好货、好怒种种诸过，不必逐类寻求，但当一心为善，正念现前，邪念自然污染不上。如太阳当空，魍魉[13]潜消，此精一之真传也。过由心造，亦由心改，如斩毒树，直断其根，奚必枝枝而伐、叶叶而摘哉？

大抵最上治心，当下清净，才动即觉，觉之即无。苟未能然，须明理以遣之。又未能然，须随事以禁之。以上事而兼行下功，未为失策；执下而昧上，则拙矣。

顾发愿改过，明须良朋提醒，幽须鬼神证明。一心忏悔，昼夜不懈，经一七、二七，以至一月、二月、三月，必有效验。或觉心神恬旷，或觉智慧顿开，或处冗沓而触念皆通，或遇怨仇而回瞋作喜，或梦吐黑物，或梦往圣先贤提携接引，或梦飞步太虚，或梦幢幡宝盖。种种胜事，皆过消罪灭之象也。然不得执此自高，画而不进。昔蘧伯玉[14]，当二十岁时，已觉前日之非而尽改之矣。至二十一岁，乃知前之所改未尽也。及二十二岁，回视二十一岁，犹在梦中。岁复一岁，递递改之。行年五十，而犹知四十九年之非。古人改过之学如此。

吾辈身为凡流，过恶猬集[15]，而回思往事，常若不见其有过者，心粗而眼翳也。然人之过恶深重者，亦有效验：或心神昏塞，转头即忘；或无事而常烦恼；或见君子而赧然[16]消沮；或闻正论而不乐；或施惠而人反怨；或夜梦颠倒，甚则妄言失志。皆作孽之相也。苟一类此，即须奋发，舍旧图新，幸勿自误。

注释

[1] 亿：通“臆”，推测，揣测。

[2] 靡：不，没有。

[3]《左》《国》：分别指《左传》和《国语》。

[4] 翳（yì）：翳子，眼球上生的障蔽视线的膜。

[5] 耽：沉溺，过度喜好。

[6] 鉴临：审察，监临。

[7] 文：掩饰，修饰。

[8] 懔懔：危惧的样子。

[9] 鼎镬：本是烹饪的器具，后多用于烹煮人的酷刑。

[10] 戕：杀害，残杀。

[11] 矜：怜悯，同情。

[12] 玉成：成全，帮助使成功。

[13] 魍魉（wǎng liǎng）：古代神话传说中山川的精怪或江河之鬼。也有称影子外层的淡影为魍魉的。

[14] 蘧（qú）伯玉：春秋时卫国贤大夫，名瑗，字伯玉。年五十而知四十九年之非。卫大夫史蝤知其贤，屡荐于灵公，皆不用。

[15] 猬集：比喻事情繁多，像刺猬的刺那样聚在一起。

[16] 赧（nǎn）然：形容难为情的样子。

积善之方

《易》曰：“积善之家，必有余庆。”昔颜氏将以女妻叔梁纥[1]，而历叙其祖宗积德之长，逆知[2]其子孙必有兴者。孔子称舜之大孝，曰：“宗庙飨[3]之，子孙保之。”皆至论也。试以往事征[4]之。

杨少师荣，建宁人。世以济渡为生。久雨溪涨，横流冲毁民居，溺死者顺流而下。他舟皆捞取货物，独少师曾祖及祖惟救人，而货物一无所取。乡人嗤其愚。逮少师父生，家渐裕。有神人化为道者，语之曰：“汝祖父有阴功，子孙当贵显，宜葬某地。”遂依其所指而窆[5]之，即今白兔坟也。后生少师，弱冠[6]登第，位至三公，加曾祖、祖、父如其官。子孙贵盛，至今尚多贤者。

鄞人杨自惩，初为县吏，存心仁厚，守法公平。时县宰严肃，偶挞一囚，血流满前，而怒犹未息。杨跪而宽解之。宰曰：“怎奈此人越法悖理，不由人不怒。”自惩叩首曰：“上失其道，民散久矣。如得其情，哀矜[7]勿喜。喜且不可，而况怒乎？”宰为之霁颜[8]。家甚贫，馈遗一无所取。遇囚人乏粮，常多方以济之。一日，有新囚数人待哺，家又缺米，给囚则家人无食，自顾则囚人堪悯。与其妇商之。妇曰：“囚从何来？”曰：“自杭而来。沿路忍饥，菜色可掬。”因撤己之米，煮粥以食囚。后生二子，长曰守陈，次曰守址，为南北吏部侍郎。长孙为刑部侍郎，次孙为四川廉宪[9]，又俱为名臣。今楚亭、德政，亦其裔也。

昔正统间，邓茂七倡乱于福建，士民从贼者甚众。朝廷起鄞县张都宪[10]楷南征，以计擒贼。后委布政司[11]谢都事搜杀东路贼党。谢求贼中党附册籍，凡不附贼者，密授以白布小旗，约兵至日插旗门首，戒军兵无妄杀，全活万人。后谢之子迁中状元，为宰辅。孙丕复中探花。

莆田林氏，先世有老母好善，常作粉团施人，求取即与之，无倦色。一仙化为道人，每旦索食六七团。母日日与之，终三年如一日。乃知其诚也，因谓之曰："吾食汝三年粉团，何以报汝？府后有一地，葬之，子孙官爵，有一升麻子之数。"其子依所点葬之，初世即有九人登第，累代簪缨[12]甚盛。福建有"无林不开榜"之谣。

冯琢庵[13]太史之父，为邑庠生[14]。隆冬早起赴学，路遇一人，倒卧雪中，扪之，半僵矣。遂解己绵裘衣之，且扶归救苏。梦神告之曰："汝救人一命，出至诚心，吾遣韩琦[15]为汝子。"及生琢庵，遂名琦。

台州应尚书[16]，壮年习业于山中。夜鬼啸集，往往惊人，公不惧也。一夕闻鬼云："某妇以夫久客不归，翁姑[17]逼其嫁人，明夜当缢死[18]于此。吾得代矣。"公潜卖田，得银四两。即伪作其夫之书，寄银还家。其父母见书，以手迹不类，疑之。既而曰："书可假，银不可假。想儿无恙。"妇遂不嫁。其子后归，夫妇相保如初。公又闻鬼语曰："我当得代，奈此秀才坏吾事。"旁一鬼曰："尔何不祸之？"曰："上帝以此人心好，命作阴德尚书矣。吾何得而祸之？"应公因此益自努励，善日加修，德日加厚。遇岁饥，辄捐谷以赈之；遇亲戚有急，辄委曲维持；遇有横逆，辄反躬自责，怡然顺受。子孙登科第者，今累累也。

常熟徐凤竹栻，其父素富，偶遇年荒，先捐租以为同邑之倡，又分谷以赈贫乏。夜闻鬼唱于门曰："千不诓，万不诓，徐家秀才做到了举人郎。"相续而呼，连夜不断。是岁，凤竹果举于乡。其父因而益积德，孳孳[19]不怠，修桥修路，斋僧接众，凡有利益，无不尽心。后又闻鬼唱于门曰："千不诓，万不诓，徐家举人直做到都堂[20]。"凤竹官终两浙巡抚。

嘉兴屠康僖[21]公，初为刑部主事，宿狱中，细询诸囚情状，得无辜者若干人。公不自以为功，密疏其事，以白堂官。后朝审，堂官摘其语以讯诸囚，无不服者，释冤抑十余人。一时辇下咸颂尚书之明。公复禀曰："辇毂[22]之下，尚多冤民。四海之广，兆民之众，岂无枉者？宜五年差一减刑官核实而平反之。"尚书为奏，允其议。时公亦差减刑之列。梦一神告之曰："汝命无子，今减刑之议深合天心，上帝赐汝三子，皆衣紫腰金。"是夕夫人有娠，后生应埙、应坤、应埈，皆显官。

嘉兴包凭，字信之。其父为池阳太守，生七子，凭最少。赘[23]平湖袁氏，与吾父往来甚厚。博学高才，累举不第，留心二氏[24]之学。一日东游泖湖，偶至一村寺中，见观音像淋漓露立，即解橐[25]中十金授主僧，令修屋宇。僧告以功大银少，不能竣事。复取松布四匹，检箧中衣七件与之。内纻褶[26]系新置，其仆请已之。凭曰："但得圣像无恙，吾虽裸裎[27]，何伤？"僧垂泪曰："舍银及衣布，犹非难事。只此一点心，如何易得？"后功完，拉老父同游，宿寺中。公梦伽蓝[28]来谢曰："汝子当享世禄矣。"后子汴、孙柽芳，皆登第，作显官。

嘉善支立[29]之父，为刑房吏，有囚无辜陷重辟[30]，意哀之，欲求其生。囚语其妻曰："支公嘉意，愧无以报。明日延之下乡，汝以身事之，彼或肯用意，则我可生也。"其妻泣而听命。及至，妻自出劝酒，具告以夫意。支不听，卒为尽力平反之。囚出狱，夫妻登门叩谢曰："公如此厚德，晚世所稀。今无子，吾有弱女，送为箕帚妾[31]，此则礼之可通者。"支为备礼而纳之，生立，弱冠中魁，官至翰林孔目。立生高，高生禄，皆贡为学博[32]。禄生大纶，登第。

凡此十条，所行不同，同归于善而已。若复精而言之，则善有真有假，有端有曲，有阴有阳，有是有非，有偏有正，有半有满，有大有小，有难有易，皆当深辨。为善而不穷理，则自谓行持，岂知造孽，枉费苦心，无益也。

何谓真假？昔有儒生数辈，谒中峰和尚[33]。问曰："佛氏论善恶报应，如影随形。今某人善而子孙不兴，某人恶而家门隆盛。佛说无稽[34]矣。"中峰云："凡情未涤，正眼未开，认善为恶，指恶为善，往往有之。不憾己之是非颠倒，而反怨天之报应有差乎？"众曰："善恶何致相反？"中峰令试言其状。一人谓詈[35]人殴人是恶，敬人礼人是善。中峰云："未必然也。"一人谓贪财妄取是恶，廉洁有守是善。中峰云："未必然也。"众人历言其状，中峰皆谓不然。因请问。中峰告之曰："有益于人是善，有益于己是恶。有益于人，则殴人詈人皆善也；有益于己，则敬人礼人皆恶也。是故人之行善，利人者公，公则为真；利己者私，私则为假。又根心[36]者真，袭迹[37]者假。又无为而为者真，有为而为者假。皆当自考。"

何谓端曲？今人见谨愿[38]之士，类称为善而取之。圣人则宁取狂狷[39]。至于谨愿之士，虽一乡皆好，而必以为德之贼[40]。是世人之善恶，分明与圣人相反。推此一端，种种取舍，无有不谬。天地鬼神之福善祸淫，皆与圣人同是非，而不与世俗同取舍。凡欲积善，决不可徇耳目，惟从心源隐微处默默洗涤。纯是济世之心则为端，苟有一毫媚世之心即为曲；纯是爱人之心则为端，有一毫愤世之心即为曲；纯是敬人之心则为端，有一毫玩世之心即为曲。皆当细辨。

何谓阴阳？凡为善而人知之，则为阳善；为善而人不知，则为阴德。阴德天报之，阳善享世名。名，亦福也。名者，造物所忌。世之享盛名而实不副者，多有奇祸；人之无过咎而横被恶名者，子孙往往骤发。阴阳之际微矣哉！

何谓是非？鲁国之法，鲁人有赎人臣妾于诸侯，皆受金于府，子贡赎人而不受金，孔子闻而恶之，曰："赐失之矣。夫圣人举事，可以移风易俗，而教道可施于百姓，非独适己之行也。今鲁国富者寡而贫者众，受金则为不廉，何以相赎乎？自今以后，不复赎人于诸侯矣。"

子路拯人于溺，其人谢之以牛，子路受之。孔子喜曰："自今鲁国多拯人于溺矣。"自俗眼观之，子贡不受金为优，子路之受牛为劣。孔子则取由而黜[41]赐焉。乃知人之为善，不论现行而论流弊，不论一时而论久远，不论一身而论天下。现行虽善，其流足以害人，则似善而实非也；现行虽不善，而其流足以济人，则非善而实是也。然此就一节论之耳。他如非义之义，非礼之礼，非信之信，非慈之慈，皆当抉择。

何谓偏正？昔吕文懿公[42]，初辞相位归故里，海内仰之如泰山北斗。有一乡人，醉而詈之，吕公不动，谓其仆曰："醉者勿与较也。"闭门谢之。逾年，其人犯死刑入狱。吕公始悔之，曰："使当时稍与计较，送公家责治，可以小惩而大戒。吾当时只欲存心于厚，不谓养成其恶，以至于此。"此以善心而行恶事者也。

又有以恶心而行善事者。如某家大富，值岁荒，穷民白昼抢粟于市。告之县，县不理。穷民愈肆。遂私执而困辱之，众始定。不然，几乱矣。故善者为正，恶者为偏，人皆知之。其以善心行恶事者，偏止中也；以恶心而行善事者，偏中正也。不可不知也。

何谓半满？《易》曰：“善不积，不足以成名；恶不积，不足以灭身。”《书》曰：“商罪贯盈。”如贮物于器，勤而积之则满，懈而不积则不满。此一说也。昔有某氏女入寺，欲施而无财，止有钱二文，捐而与之。主席者亲为忏悔。及后入宫富贵，携数千金入寺，舍之，主僧惟令其徒回向而已。因问曰：“吾前施钱二文，师亲为忏悔；今施数千金，而师不回向。何也？”曰：“前者物虽薄，而施心甚真，非老僧亲忏，不足报德；今物虽厚，而施心不若前日之切，令人代忏足矣。”此千金为半，而二文为满也。钟离[43]授丹于吕祖，点铁为金，可以济世。吕问曰：“终变否？”曰：“五百年后，当复本质。”吕曰：“如此，则害五百年后人矣。吾不愿为也。”曰：“修仙要积三千功行。汝此一言，三千功行已满矣。”此又一说也。又为善而心不著善，则随所成就，皆得圆满；心着于善，虽终身勤励，止于半善而已。譬如以财济人，内不见己，外不见人，中不见所施之物，是谓“三轮体空”[44]，是谓“一心清净”，则斗粟可以种无涯之福，一文可以消千劫[45]之罪。倘此心未忘，虽黄金万镒[46]，福不满也。此又一说也。

何谓大小？昔卫仲达为馆职，被摄至冥司，主者命吏呈善恶二录。比至，则恶录盈庭，其善录一轴，仅如箸而已。索秤称之，则盈庭者反轻，而如箸者反重。仲达曰：“某年未四十，安得过恶如是多乎？”曰：“一念不正即是，不待犯也。”因问：“轴中所书何事？”曰：“朝廷尝兴大工，修三山石桥，君上疏谏之。此疏稿也。”仲达曰：“某虽言，朝廷不从，于事无补，而能有如是之力？曰：“朝廷虽不从，君之一念，已在万民。向使听从，善力更大矣。故志在天下国家，则善虽少而大；苟在一身，虽多亦小。

何谓难易？先儒谓克己须从难克处克将去。夫子论为仁，亦曰先难。必如江西舒翁，舍二年仅得之束脩[47]代偿官银，而全人夫妇；与邯郸张翁，舍十年所积之钱代完赎银，而活人妻子：皆所谓难舍处能舍也。如镇江靳翁，虽年老无子，不忍以幼女为妾而还之邻，此难忍处能忍也，故天降之福亦厚。凡有财有势者，其立德皆易，易而不为，是为自暴。贫贱作福皆难，难而能为，斯可贵耳。

随缘济众，其类至繁，约言其纲，大约有十：第一与人为善；第二爱敬存心；第三成人之美；第四劝人为善；第五救人危急；第六兴建大利；第七舍财作福；第八护持正法；第九敬重尊长；第十爱惜物命。

何谓与人为善？昔舜在雷泽，见渔者皆取深潭厚泽，而老弱则渔于急流浅滩之中，恻然哀之。往而渔焉，见争者，皆匿其过而不谈；见有让者，则揄扬[48]而取法之。期年，皆以深潭厚泽相让矣。夫以舜之明哲，岂不能出一言教众人哉？乃不以言教而以身转之，此良工苦心也。吾辈处末世，勿以己之长而盖人，勿以己之善而形人，勿以己之多能而困人。收敛才智，若无若虚。见人过失，且涵容而掩覆之：一则令其可改，一则令其有所顾忌而不敢纵。见人有微长可取，小善可录，翻然舍己而从之，且为艳称而广述之。凡日用间，发一言，行一事，全不为自己起念，全是为物立则：此大人天下为公之度也。

何谓爱敬存心？君子与小人，就形迹观，常易相混，惟一点存心处，则善恶悬绝，判然如黑白之相反。故曰："君子所以异于人者，以其存心也。"君子所存之心，只是爱人敬人之心。盖人有亲疏贵贱，有智愚贤不肖，万品不齐，皆吾同胞，皆吾一体，孰非当敬爱者？

爱敬众人，即是爱敬圣贤；能通众人之志，即是通圣贤之志。何者？圣贤志本欲斯世斯人，各得其所。吾合爱合敬而安一世之人，即是为圣贤而安之也。

何谓成人之美？玉之在石，抵掷[49]则瓦砾，追琢则圭璋[50]。故凡见人行一善事，或其人志可取而资可进，皆须诱掖[51]而成就之。或为之奖借，或为之维持，或为白其诬而分其谤，务使成立而后已。大抵人各恶其非类，乡人之善者少，不善者多。善人在俗，亦难自立，且豪杰铮铮，不甚修形迹，多易指摘。故善事常易败，而善人常得谤。惟仁人长者匡直[52]而辅翼之，其功德最宏。

何谓劝人为善？生为人类，孰无良心？世路役役[53]，最易没溺。凡与人相处，当方便提撕，开其迷惑。譬犹长夜大梦而令之一觉，譬犹久陷烦恼而拔之清凉，为惠最溥[54]。韩愈云："一时劝人以口，百世劝人以书。"较之与人为善，虽有形迹，然对证发药，时有奇效，不可废也。失言失人[55]，当反吾智。

何谓救人危急？患难颠沛，人所时有。偶一遇之，当如恫瘝[56]在身，速为解救。或以一言伸其屈抑[57]，或以多方济其颠连[58]。崔子曰："惠不在大，赴人之急可也。"盖仁人之言哉！

何谓兴建大利？小而一乡之内，大而一邑之中，凡有利益，最宜兴建。或开渠导水，或筑堤防患，或修桥梁以便行旅，或施茶饭以济饥渴。随缘劝导，协力兴修，勿避嫌疑，勿辞劳怨。

何谓舍财作福？释门万行以布施为先。所谓布施者，只是"舍"之一字耳。达者内舍六根，外舍六尘，一切所有，无不舍者。苟非能然，先从财上布施。世人以衣食为命，故财为最重。吾从而舍之，内以破吾之悭[59]，外以济人之急。始而勉强，终则泰然，最可以荡涤私情，祛除执吝。

何谓护持正法？法者，万世生灵之眼目也。不有正法，何以参赞天地？何以裁成万物？何以脱尘离缚？何以经世出世？故凡见圣贤庙貌、经书典籍，皆当敬重而修饬之。至于举扬正法，上报佛恩，尤当勉励。

何谓敬重尊长？家之父兄，国之君长，与凡年高、德高、位高、识高者，皆当加意奉事。在家而奉侍父母，使深爱婉容，柔声下气，习以成性，便是和气格天之本。出而事君，行一事，毋谓君不知而自恣[60]也；刑一人，毋谓君不知而作威也。事君如天，古人格论[61]。此等处最关阴德。试看忠孝之家，子孙未有不绵远而昌盛者。切须慎之。

何谓爱惜物命？凡人之所以为人者，惟此恻隐之心而已。求仁者求此，积德者积此。《周礼》：孟春之月，“牺牲毋用牝[62]”，孟子谓“君子远庖厨”，所以全吾恻隐之心也。故前辈有“四不食”之戒，谓闻杀不食，见杀不食，自养者不食，专为我杀者不食。学者未能断肉，且当从此戒之。渐渐增进，慈心愈长。不特杀生当戒，蠢动含灵[63]，皆为物命。求丝煮茧，锄地杀虫，念衣食之由来，皆杀彼以自活。故暴殄[64]之孽，当与杀生等。至于手所误伤、足所误践者，不知其几，皆当委曲防之。古诗云:“为鼠常留饭，怜蛾不点灯。”何其仁也！

善行无穷，不能殚述。由此十事而推广之，则万德可备矣。

注释

[1] 叔梁纥（hé）：春秋时鲁国大夫，名纥，字叔梁。孔子之父。《孔子家语·本姓解》记载，叔梁纥向颜氏求婚，颜氏有三个女儿，结果最小的女儿徵在便嫁给了叔梁纥，生下孔子。

[2] 逆知：预先猜度。

[3] 飨：祭祀。

[4] 征：证明，验证。

[5] 窆（biǎn）：泛指埋葬。

[6] 弱冠：古时男子二十岁称为弱冠。

[7] 哀矜：哀怜，怜悯。

[8] 霁（jì）颜：收敛威怒之貌，变为和颜悦色。

[9] 廉宪：官名，廉访使的俗称。宋设此官，明清改为“提刑按察使”。

[10] 都宪：明朝都御史的别称。

[11] 布政司：明朝地方行政机构，全称为“承宣布政使司”。

[12] 簪缨：簪和缨。古代官员的冠饰，常借指为官或显贵。

[13] 冯琢庵：冯琦，字琢庵，万历年间进士。

[14] 庠（xiáng）生：明清两代州、府、县学的生员别称。

[15] 韩琦：北宋大臣，字稚圭，相州安阳（河南安阳）人。天圣年间进士。曾历经仁宗至神宗，执三朝相印。王安石变法时，曾屡次上书反对，著有《安阳集》。

[16] 应尚书：应大猷，字邦升，明武宗正德年间进士，官至刑部尚书。

[17] 翁姑：公公和婆婆。

[18] 缢死：用绳索勒死。

[19] 孳孳（zī）：同“孜孜”。勤奋不懈的样子。

[20] 都堂：隋唐及宋代尚书省长官办事之处。

[21] 屠康僖：屠勋，字元勋，卒后赠太保，谥康僖，平湖屠家栅村（今浙江林埭）人。明成化五年（1469）进士，授工部主事，历任大理寺寺丞、刑部尚书等。著有《东湖遗稿》《太和堂集》。

[22] 辇毂（gǔ）：本义指天子的车驾，后以“辇毂下”借指京城。

[23] 赘：入赘，俗称“倒插门”。

[24] 二氏：指佛、道两家。

[25] 橐：衣袋。

[26] 纻褶（zhù zhě）：一种麻料做成的上衣。纻：苎麻纤维织成的布。褶：古代的一种便服。

[27] 裸裎（chéng）：赤身露体。

[28] 伽蓝：佛教寺院中的护法神。

[29] 支立：曾任常州学官，字中夫，擅长经学，号称“支五经”。

[30] 重辟：重法，重刑。

[31] 箕帚妾：持箕帚的奴婢，文中为自贱之语。

[32] 学博：唐制，府郡置经学博士各一人，掌以五经教授学生。后泛称学官为学博。

[33] 中峰和尚：元代高僧明本，浙江钱塘人。俗姓孙，号中峰，法号智觉。元仁宗赐号“佛慈圆照广慧禅师”。

[34] 无稽：没有根据。

[35] 詈：骂，责骂。

[36] 根心：发自内心，自觉自愿。

[37] 袭迹：注重形迹，沿袭他人的仟俓。

[38] 谨愿：谨慎老实，诚实。

[39] 狂狷：指放纵而不遵礼法的人。

[40] 德之贼：语出《论语·阳货》：“乡愿，德之贼也。”特指社会上那种不分是非，同于流俗，言行不一，伪善欺世，处处讨好，也不得罪那些乡里，以“谨厚老实”为人称道的“老好人”。孔子尖锐地指出：这种“乡愿”，言行不符，实际上是似德非德而乱乎德的人，乃德之“贼”。世人对之不可不辨。而后，孟子更清楚地说明这种人乃是“同乎流俗，合乎污世”的人。虽然表面上看，他是个对乡人全不得罪的“好好先生”，其实，他抹杀了是非，混淆了善恶，不主持正义，不抵制坏人坏事，全然成为危害道德的人。

[41] 黜（chù）：贬低。

[42] 吕文懿公：明代人吕原，字逢原，秀水（今浙江嘉兴）人，正统年间进士。除翰林编修，历中允、侍讲学士、左春坊大学士。后入内阁参与机务，进翰林学士。天顺六年（1462）母丧，因哀伤过度而卒。赠礼部左侍郎，谥文懿。

[43] 钟离：指钟离权，东汉、魏晋时期人物，后演为道教八仙之一的汉钟离，道教全真派祖师。

[44] 三轮体空：又称三轮清净。三轮，一般指能、所、物。如以布施来说，施者、受施者、所施之物为三轮，体察到此三轮者性空无相而离执着，以如此之心行施，称三轮体空。

[45] 劫：梵语“劫簸”的简称，译为时分或大时，即通常年月日所不能计算的极长时间。

[46] 镒（yì）：古代重量单位，合二十两。一说是二十四两。

[47] 束脩：古代指十条干肉。后多指赠给教师的酬金。

[48] 揄扬：宣扬。

[49] 抵掷：投掷，扔出去。

[50] 圭璋：古代礼玉的一种，为一种贵重玉器。上尖下方曰“圭”，半圭曰“璋”。

[51] 诱掖：引导和扶助。

[52] 匡直：纠正，端正。

[53] 役役：辛苦奔走、劳苦不休的样子。

[54] 溥（pǔ）：广大。

[55] 失言失人：语出《论语·卫灵公》：“可与言而不与之言，失人；不可与言而与之言，失言。知者不失人，亦不失言。”意即，对可以推心置腹的人不能坦诚相见，就可能失去一个好朋友；对具有机心的人说多了，就可能失言。有智慧的人，不失去朋友，也不失言。

[56] 恫瘝（tōng guān）：病痛，疾苦。

[57] 屈抑：枉屈，压抑。

[58] 颠连：困顿穷苦。

[59] 悭（qiān）：吝啬。

[60] 自恣：放纵自己，不受约束。

[61] 格论：精当的言论，至理名言。

[62] 牝：雌性的兽类，也泛指雌性。

[63] 蠢动含灵：泛指一切众生。

[64] 暴殄（tiǎn）：糟蹋毁坏。

谦德之效

《易》曰：“天道亏盈而益谦，地道变盈而流谦，鬼神害盈而福谦，人道恶盈而好谦。”是故《谦》之一卦，六爻皆吉。《书》曰：“满招损，谦受益。”予屡同诸公应试，每见寒士将达，必有一段谦光可掬。

辛未计偕[1]，我嘉善同袍凡十人，惟丁敬宇宾年最少，极其谦虚。予告费锦坡曰：“此兄今年必第。”费曰：“何以见之？”予曰：“惟谦受福。兄看十人中，有恂恂款款[2]，不敢先人，如敬宇者乎？有恭敬顺承，小心谦畏，如敬宇者乎？有受侮不答，闻谤不辩，如敬宇者乎？人能如此，即天地鬼神犹将佑之，岂有不发者？”及开榜，丁果中式。

丁丑在京，与冯开之[3]同处，见其虚己敛容，大变其幼年之习。李霁岩直谅[4]益友，时面攻其非，但见其平怀顺受，未尝有一言相报。予告之曰：“福有福始，祸有祸先，此心果谦，天必相之。兄今年决第矣。”已而果然。

赵裕峰光远，山东冠县人，童年举于乡，久不第。其父为嘉善三尹[5]，随之任。慕钱明吾而执文见之，明吾悉抹其文，赵不惟不怒，且心服而速改焉。明年，遂登第。

壬辰岁，予入觐[6]，晤夏建所。见其人气虚意下，谦光逼人，归而告友人曰：“凡天将发斯人也，未发其福，先发其慧。此慧一发，则浮者自实，肆者自敛。建所温良若此，天启之矣。”及开榜，果中式。

江阴张畏岩，积学工文，有声艺林。甲午，南京乡试，寓一寺中，揭晓无名，大骂试官，以为眯目。时有一道者，在傍微笑，张遽[7]移怒道者。道者曰：“相公文必不佳。”张益怒曰：“汝不见我文，乌知不佳？”道者曰：“闻作文，贵心气和平。今听公骂詈，不平甚矣。文安得工？”张不觉屈服，因就而请教焉。道者曰：“中全要命。命不该中，文虽工，无益也。须自己做个转变。”张曰：“既是命，如何转变？”道者曰：“造命者天，立命者我。力行善事，广积阴德，何福不可求哉？”张曰：“我贫士，何能为？”道者曰：“善事阴功，皆由心造。常存此心，功德无量。且如谦虚一节，并不费钱，你如何不自反而骂试官乎？”张由此折节[8]自持，善日加修，德日加厚。丁酉，梦至一高房，得试录一册，中多缺行。问旁人，曰：“此今科试录。”问：“何多缺名？”曰：“科第阴间三年一考较，须积德无咎者，方有名。如前所缺，皆系旧该中式，因新有薄行而去之者也。”后指一行云：“汝三年来持身颇慎，或当补此。幸自爱。”是科果中一百五名。

由此观之，举头三尺，决有神明，趋吉避凶，断然由我。须使我存心制行，毫不得罪于天地鬼神，而虚心屈己，使天地鬼神时时怜我，方有受福之基。彼气盈者必非远器，纵发亦无受用。稍有识见之士，必不忍自狭其量，而自拒其福也。况谦则受教有地而取善无穷，尤修业者所必不可少者也。

古语云：“有志于功名者，必得功名；有志于富贵者，必得富贵。”人之有志，如树之有根。立定此志，须念念谦虚，尘尘方便，自然感动天地，而造福由我。今之求登科第者，初未尝有真志，不过一时意兴耳，兴到则求，兴阑[9]则止。孟子曰：“王之好乐甚，齐其庶几乎！”予于科名亦然。

注释

[1] 计偕：举人赴京参加会试。

[2] 恂恂：温和恭顺的样子。款款：诚恳忠实的样子。

[3] 冯开之：名梦桢，字开之，嘉兴府秀水（今属浙江）人。明神宗万历年间，高中会试第一名会元。官至翰林院编修。

[4] 直谅：正直诚信。

[5] 三尹：明朝的编制，知县称大尹，县丞称二尹，主簿称三尹。

[6] 入觐（jìn）：指地方官员入朝觐见帝王。

[7] 遽：立即，马上。

[8] 折节：改变以前的思想和行为。

[9] 兴阑：兴残，兴尽。

廷尉公训约

何尔健

导读

《廷尉公训约》是何尔健为族人制定的一部规约，共十四条，内容涉及丧葬祭祀、家庭人伦关系、读书做人、治家教子等。如何尔健要求族人“以丧葬祭祀为重事。不幸临丧，惟以哀戚为主。衣衾棺椁，虽称家有无，然力能稍勉，必尽心力而为之”。其次，何尔健主张子弟要“以立志读书为正务”，而读书不仅是为了考科举，更重要的是学习圣贤，做一个正人君子。他说：“人能日日诵读，玩索探求，虚心就正有道之君子，读遍典坟，穷则为通儒，为正人；达则为忠臣，为义士。有济于国家，有光于祖宗。岂特邀一科、博一第而已也？”此外，何尔健还主张教育子女要从早入手，指出：“人家有儿，为父母的须要从小禁治，要他学好。若蒙养时教导无方，督责不严，则纵其性而习于匪，后来那能望其成？故家虽贫，亦当勉力择端方老成君子，能通《孝经》《小学》大义，堪为师范者训诲之。如此，则儿孙成就，家业可保。穷者不失为善士，达者定做为好官，定享无穷之福。”

作者简介

何尔健（1554—1610），字明甫，号乾室，明末曹州（今山东菏泽）人。万历十七年（1589）进士，授鄢陵县令，任上赈济饥民，颇有惠政。万历二十三年（1595），拜浙江道监察御史，每上书言事，侃侃力争，直声满中外，世称“铁面御史”。万历三十年（1602），为辽东巡按，惩治税使，深得民心。还都后，奉命理政，修都城，政绩卓著。官至廷尉。著有《惠文集》《按辽御珰疏稿》。

约之一

吾族务要恪遵祖训，以丧葬祭祀为重事。不幸临丧，惟以哀戚为主。衣衾棺椁，虽称家有无，然力能稍勉，必尽心力而为之。岂可薄其亲，致贻后日之悔乎？春秋祭祀，当思我身何处得来。祖先所享，惟此两祭，肴馔[1]必须精洁，祭服要整齐。衣服不备，不敢以祭。虽家贫分卑，不能具三牲五鼎[2]，即豆羹盂饭，必诚必敬，竭尽孝思。事死如事生，事亡如事存。坟茔祠堂，乃祖先魂魄依栖之处，务要协力保护。一枝片瓦，不许毁伤，随时修补。凡祭扫之期，虔趋祠墓，追慕瞻拜，才是儿孙。

约之二

吾族务要恪遵祖训，以伦理为纲。父慈子孝，兄友弟恭，夫妇和顺。一家雍穆[3]，端由于此。即同宗相处，须要安分守己。尊莫凌卑，强莫欺弱。卑幼者不许干犯长上，富贵者宜怜穷困。凡遇卑幼，必讲说纲常，讨论文章，或谈祖先之仪型，或讲忠孝之大节，循规蹈矩，做个好人。宗族称孝，乡党称弟，自足见重于世矣。

约之三

吾族务要恪遵祖训，以守身为良法。身体发肤，受之父母。为人莫重于一身，而身莫大于能守。欲守其身，必先严绝匪彝[4]。损己之友，且莫相交；无益之事，且莫妄作。交损己之友，即日日被其牵引，而入下流；作无益之事，则渐渐涉于荒淫，而忘正业。家必倾败，身随丧亡。为害不可胜言，须猛省之。

约之四

吾族务要恪遵祖训，以立志读书为正务。语云："读书志在圣贤。"又曰："见贤思齐焉。"圣贤虽不能齐，"日就月将，学有缉熙于光明[5]"。人能日日诵读，玩索探求，虚心就正有道之君子，读遍典坟，穷则为通儒，为正人；达则为忠臣，为义士。有济于国家，有光于祖宗。岂特邀一科、博一第而已也？人生八岁，授之以《小学》，父母固当教之以义，为儿孙的，亦当思光宗耀祖，仰答于万一。故曰："人生必读书。"幸共勉之。

约之五

吾族务要恪遵祖训，以教子为远图。人家有儿，为父母的须要从小禁治，要他学好。若蒙养时教导无方，督责不严，则纵其性而习于匪[6]，后来那能望其成？故家虽贫，亦当勉力择端方老成君子，能通《孝经》《小学》大义、堪为师范者训诲之。如此，则儿孙成就，家业可保。穷者不失为善士，达者定做为好官，定享无穷之福。幸共勉之。

约之六

吾族务要恪遵祖训，以法戒为要道。勿论宗族乡党，如有老成忠厚、明道德、畏法度、行正事的，便当亲近取法。如有轻薄顽劣、弃礼义、损廉耻、趋势利、媚权贵、做歹事的，便要疏远为戒。如此，在宗族，为一族之善人；在乡党，为一乡之善人。何致辱身败名，致为当世所鄙贱哉？

约之七

吾族务要恪遵祖训，以婚姻为大典。不可贪慕一时之富贵，致亏择配之大礼。凡有嫁娶，须择有家法积善之门第，男性纯良、女德柔嘉者。从俭行礼，毋贪重聘，毋计厚奁[7]。妇之所关，宗祀系焉，子孙贤否，母教为先，所关甚重。曾见佳儿娶富贵之闺秀，以淑女嫁膏粱[8]之子弟，下稍结局，苦不堪言者。若婿德贤良，妇非骄悍，虽与寒素[9]联姻，胜富贵者多矣。幸勿忽之。

约之八

吾族务要恪遵祖训，以勤俭为根本。或耕，或读，或仕宦，或营运，或方技，总要持心公平，不恃伪诈，不惜辛勤。凡一切度用，须用省约，不事奢华。自然衣食有资，日用无亏，家业隆起，不落人后。幸相勉之。

约之九

吾族务要恪遵祖训，以继嗣为定礼。神不歆[10]非类之禋，民不飨非族之祀。自古来乏嗣者，即于本族择应继之人以续之。气脉相通，仍是一本骨肉。乃有昧义之人，不肯显立同宗之子，潜养异姓之儿，阳若有继，阴实绝矣。今后我族，倘有乏嗣者，须立同族之子为继。先尽近服，后择远枝。切不可过继异姓之胤[11]，以致乱宗灭祀，得罪祖先。不孝之罪，实莫大焉。

约之十

吾族务要恪遵祖训，以伉俪[12]之分须要严谨。妻者，齐也。女正位乎内，男正位乎外。有夫妇，然后有父子。不幸中殇，礼有继娶。乃有昧义之人，扶妾为妻，已干明条。既为夫妇，即论姻亲。若臧获[13]贱族，使其亲与彼之亲为兄弟之谊，是自贱其亲也，其心能晏然[14]乎？彼若能解母教，培养佳儿，母以子贵，封赠无异于嫡也。幸共慎焉。

约之十一

吾族务要恪遵祖训，以利欲为鸩毒。倘命运蹇屯[15]，福分浅薄，不能进取功名，当训蒙耕织营生，不可东走西奔，无中生有，说长道短，诓骗赀财，小则图饱口福，大则诈银钱，唆争讼，从中取利。既坏心术，殃及子孙。人共疑其交煽而指斥，官府鄙其无籍而轻贱。廉耻尽丧，刑辱难逃。幸深戒之。

约之十二

吾族务要恪遵祖训，以嫖赌为陷阱。莫近娼妓，莫亲赌棍。虽遇花朝月夕，亲朋招饮，亦须撙节[16]，不可酣身濡首[17]。虽至岁时伏腊[18]，少长咸集[19]，良朋满座，亦须检束。或招歌妓以侑酒，或设赌局以耍钱，良贱不分。一入圈套，如身投陷阱，卒不能脱，膏腴美产，立见消磨；诗礼世家，沦为下贱；辱玷祖宗，不齿人类。幸猛省之。

约之十三

吾族务要恪遵祖训，以防范为家法。治家须自内及外，谨守礼法。外言不入于阃[20]，内言不出于阃。勿使三姑六婆，擅入门户。彼非张皇鬼神，则指验灾祥。以因果为机阱，以功德为网罟。或托言草药之灵验，或借言男女之姻缘。出入闺房，蛊惑厚利。是非高明冰玉之家，鲜有不受其煽乱者也。呜呼！诓骗财物其害小，因而摇唇鼓舌，煽惑多端，播弄机锋，败名丧节，耻莫大焉。愿吾族以清白为世守，以礼法为防范。凡此蛊惑之端，斩钉截铁而禁绝之，庶不为祸。幸深谨之。

约之十四

吾族务要恪遵祖训，以争斗为恶习。须是存心和顺，律己谦恭。若遇宗族乡党，往来交接之际，和言悦色，毋凌人。则爱人而人爱之，敬人而人敬之，暴戾之气自消矣。若自负勇力，而不降心抑气，势必出恶言而骂詈，旋至肆威猛以斗狠。若此者，忿以至祸，亡躯丧命，而危父母，非名门右族之子弟也。幸深勖之。

注释

[1] 肴馔：丰盛的饭菜。

[2] 三牲五鼎：形容祭品丰盛。古代以牛、羊、猪为大三牲，也以猪、鱼、鸡为小三牲。古代行祭礼时，大夫用五个鼎，分别盛羊、豕、肤（切肉）、鱼、腊五种供品。

[3] 雍穆：和睦，融洽。

[4] 匪彝（yí）：违背常规的行为。

[5] 学有缉熙于光明：向那些光明中之更光明的贤人学习。缉熙：指光明。

光明：此指贤人。

[6] 匪：行为不正。

[7] 奁（lián）：古代盛梳妆用品的匣子，此指陪嫁的衣物等。

[8] 膏粱：借指富贵人家及其后嗣。

[9] 寒素：门第寒微、地位卑下之人。

[10] 歆：飨，祭祀时神灵享受祭品、香火。

[11] 胤（yìn）：后代。

[12] 伉俪：夫妻。

[13] 臧获：古代对奴婢的贱称。

[14] 晏然：安适。

[15] 蹇（jiǎn）屯：屯蹇；不顺利，艰难困苦。

[16] 撙（zǔn）节：抑制、节制。

[17] 濡首：谓沉湎于酒而有失本性常态之意。

[18] 伏腊：指伏祭和腊祭之日，或泛指节日。

[19] 少长咸集：年轻的和年老的都聚到一起。

[20] 阃（kǔn）：门槛，门限。

示儿帖

顾宪成

导读

顾宪成这篇《示儿帖》当于东林书院讲学期间，为其子欲参加当年的童子试而写。信中谈了他为什么不愿为其子考试时求人照顾的道理，以及他对其子的勉励。此外他还讲道："若肯刻苦读书，到得工夫透彻。"强调了做真正的学问须先打好基础，刻苦努力，那么"何有于一秀才？"接下来"若又肯寻向上去，要做个人，即如吴康斋、胡敬斋两先生，只是布衣，都成了大儒"，如此"连举人进士也无用处"。最后顾宪成指出不愿求人的原因："汝若能识得，省多少闲气力，省多少闲悲喜，便是一生真受用也。记之记之。"

作者简介

顾宪成（1550—1612），字叔时，号泾阳，无锡泾里（今无锡锡山区张泾镇）人，明代思想家，因创办东林书院而被人尊称"东林先生"，也是东林党的创始人之一。顾宪成自幼好学，常通宵达旦苦读。万历四年（1576），举乡试第一，万历八年（1580）中进士。累官至吏部文选司郎中，因正直敢谏得罪了明神宗，万历二十二年（1594）被革职还乡。回到家乡以后，顾宪成与弟弟顾允成倡议维修东林书院，与高攀龙等人讲学其中。万历三十二年（1604)，顾宪成会同顾允成、高攀龙、安希范、刘元珍、钱一本、薛敷教、叶茂才（时称“东林八君子”）等人，发起东林大会，制定《东林会约》。万历三十六年（1608)，朝廷任命顾宪成为南京光禄寺少卿，但是顾宪成没有接受任命，继续留在家乡从事讲学议政。万历四十年（1612)，顾宪成于家中去世。著有《小心斋札记》《泾皋藏稿》等。

凡为父母的，莫不爱其子。凡爱子弟的，莫不愿其读书进取。目今府县考童生，汝弟方病瘍，度未能赴，且年尚幼，正何须着急。汝则长矣，往年又曾经考过来，而今岂能不重以得失为念？然吾始终不欲以汝姓名一闻于主者，非恝然[1]于汝也。汝质尽可望进步，吾又非弃汝而不屑也，吾自有说耳。何以言之？就义理上看，男儿七尺之躯，顶天立地，如何向人开口道个“求”字？孟夫子“齐人”一章，便是这个字的行状。至今读之，尚为汗颜，不可作等闲认也。

就命上看，人生穷通利钝，即堕地一刻，都已定下，如何增损得些子？眼前熙熙攘攘，赴童生试的，哪个不要做秀才？赴秀才试的，哪个不要做举人？赴举人试的，哪个不要做进士？到底有个数在。

若是贵的可以势求，富的可以力求，那不会求的便没有分，造化亦炎凉矣！就我分上看，我本薄劣，无尺寸之长。赖天之佑，祖父之庇，幸博一第，再仕再不效。有邱山之罪[2]，犹然暖衣饱食，安享太平。在昔大圣大贤，往往厄穷以老，甚而有囚有窜，流离颠沛，不能自存者。我何人，斯不啻[3]过分矣！更为汝干进耶，是无厌也。就汝分上看，但在汝自家志向何如。若肯刻苦读书，到得工夫透彻，连举人进士亦自不难，何有于一秀才？若又肯寻向上去，要做个人，即如吴康斋、胡敬斋两先生，只是布衣，都成了大儒。至今说起两先生，谁不敬慕，连举人进士也无用处，何有于一秀才？汝试于此绎[4]而思之，余其恝然于汝也耶，抑爱汝以德也耶，余其弃汝而不屑也耶，抑玉汝而进远且大也耶？此意本欲待汝自悟，恐汝究竟不察，谬[5]生疑沮[6]，不得不分明道破。汝若能识得，省多少闲气力，省多少闲悲喜，便是一生真受用也。记之记之。

注释

[1] 恝（jiá）然：漠不关心，冷淡。

[2] 邱山之罪：形容罪孽像小山一样大。

[3] 不啻（chì）：指不只，不止。

[4] 绎：理出头绪。

[5] 谬；错误的，不合情理的。

[6] 疑沮：怀疑，疑惑。

为善说示诸儿

吕坤

导读

作为《呻吟语》的作者，吕坤在开篇即阐述了善与恶的概念，以及善恶与各种事物的关系。“登泰山、造浮图、衣冠土木、谄事鬼神者，亵也。善则福，不善则祸。求人之誉、怨人之毁者，劳也。善则誉，不善则毁。”这种读来甚至有些拗口的对仗语，感觉似禅又似儒。除此之外，吕坤在文中还劝诫子弟要和睦，不要互存疑心，受人离间，做出伤害家人的事。“父慈子孝，兄爱弟敬，夫义妇顺，家人和，姻族睦，不伤人，不害物，安常处顺，以求无负于民彝。”吕坤的这篇《为善说示诸儿》凝聚着他本人丰富的人生经验和探幽发微的哲思，较之以往的家训似乎更具有令人回味深思的意味。

作者简介

吕坤（1536—1618），字叔简，自号抱独居士。明代归德府宁陵（今河南商丘宁陵）人。明代文学家、思想家。万历二年（1574），吕坤在殿试中考中三甲第 50 名，同赐进士出身，出任山西省襄垣知县，后来累官至山西按察使、巡抚，都察院左、右佥都御史，刑部左、右侍郎。万历二十五年（1597），吕坤上《忧危疏》劝明神宗励精图治，却未被采纳，反遭诬告，于是吕坤愤然称病乞休。万历四十六年（1618），吕坤病逝于家中，死后葬于宁陵县。后追赠为刑部尚书。吕坤一生著述颇丰，除广为流传的《呻吟语》之外，还有《实政录》《去伪斋集》等十余种。

问吉凶于卜筮者，惑也。善则吉，不善则凶。登泰山、造浮图[1]、衣冠土木[2]、谄事鬼神者，亵也。善则福，不善则祸。求人之誉、怨人之毁者，劳也。善则誉，不善则毁。虽然，此理也，此古圣教人，不得已之说也。至其自为则不然。善者皆凶，而君子不敢避善以趋吉；善者皆祸，而君子不敢忘善以徼福；善者百毁，而君子不敢违善以要誉。父慈子孝，兄爱弟敬，夫义妇顺，家人和，姻族睦，不伤人，不害物，安常处顺，以求无负于民彝[3]，如斯而已矣！其吉也、福也、誉也，君子之为善自若也。反是，君子之为善，亦自若也。吾为所当为，如饥之食、渴之饮耳；吾不为所不当为，如饥不食堇[4]、渴不食鸩耳。吉凶、祸福、毁誉，听其自来也，于我何与焉？虽然，善难言也。不择善者每失之，或曰忘其贵贱，同其尊卑，忍耻包羞，纳侮受欺。善乎？曰非也。此老庄也，不然，是以宽为阱也。君子临下怜爱，乐施好予，善乎？曰非也。此释氏也，不然，是以恩为市[5]也。君子推恩[6]有序，由亲及疏，不惜有罪，不忍无辜，是故有杀不为暴，而赦不为仁者，此类是也。或曰：正色直言，切责愚悖，尽我实心，忘人怨怼。善乎？曰非也。此亲师之道也，不然，是以直贾祸也。君子较其厚薄，观人审己，和平奖劝，以远辱耻，是故有薄责于人为是。而攻人之恶为非者，此类是也。儿辈亦有为善之心矣。余惧其昧于是非，达不及之间也，作此以示之。

注释

[1] 浮图：亦作浮屠，梵文 stupa（佛塔）的音译。

[2] 土木：指建筑房屋等土木工程。

[3] 彝：常理，一定的法则。

[4] 堇：药名，即“乌头”，有毒。

[5] 以恩为市：“市恩”，指换取好处，讨好。

[6] 推恩：犹言“推爱”。谓己之所爱，推及他人。

药言（节选）

姚舜牧

导读

《药言》又名《计家训》《家训事理正论》，最初写于姚舜牧在广昌知县任上，中间又经过多次续增，最后刊定于万历三十四年（1606）。书中所记既有作者平日所承父训教导之言，又有闻于故老之语，还有自己的人生心得。此书刊行后受到了人们的欢迎，有人认为病莫大于病心，心病更难医治，而姚氏独创一方，著为方书，正是治心病的良方，于是便把这部家训更名为《药言》。

全书共128条，开篇便提出“孝弟忠信礼义廉耻”，此八字是全书的核心，然后便围绕这八字展开论说，其中不乏可取之言。如关于男女婚姻，作者主张：“择其婿与妇之性行及家法如何，不可徒慕一时之富贵。”关于择业，姚舜牧强调：“人须各务一职业。第一品格是读书，第一本等是务农，外此为工为商，皆可以治生，可以定志，终身可免于祸患。”关于治家，姚舜牧认为居家处于穷困时，当念“守分”二字；居家处于富盛时，当念“惜福”二字。关于做人，他指出：“决不可存苟且心，决不可做偷薄事，决不可效轻狂态，决不可做惫懒人。”姚舜牧在《药言》中极为重视对日常生活、世俗人情经验的总结，这些议论朴素、平易、实用。正如清人唐世杰所说："其语折衷于圣贤，而日用伦行，不出其范围，因念良方妙剂，当为普济。"此书最早刊刻于他所任的广昌官署，目的是想以此来教化广昌百姓，此后才不断地传播开来。

作者简介

姚舜牧（1543—1622），字虞佐，号承庵，乌程（今浙江湖州）人，万历元年（1573）举人，曾任新兴、广昌二县知县，为官爱民如子。姚舜牧为当时理学大儒，著有《乐陶吟草》《五经四书疑问》《孝经疑问》等书。

此家训也，藏笥中，用示后人。今亦付刻，请正海内大方。

孝、弟、忠、信、礼、义、廉、耻，此八字，是八个柱子。有八柱，始能成宇。有八字，始克成人。

圣贤开口便说孝弟，孝弟是人之本。不孝不弟，便不成人了。孩提知爱，稍长知敬，奈何自失其初，不齿于人类也。

《戴记》载小孝、中孝、大孝，《孝经》载孝之始、孝之中、孝之终。终是教人做人，无忝尔所生[1]。一孝立，万善从，是为肖子，是为完人。贤不肖皆吾子，为父母者切不可毫发偏爱。偏爱日久，兄弟间不觉怨愤之积，往往一待亲没[2]而争讼因之。创业思垂永久，全要此处见得明，不贻[3]后来之祸。

人但为子孙做牛马计，竟不念父母天高地厚之恩。诚一衣一食，无不念及、言及，使儿曹数数闻之，必能自立自守。久长之计，莫过如是矣。

《斯干》之诗，说到鸟革翚飞、弄璋弄瓦，盛矣[4]！然开首却云“兄及弟矣，式相好矣，无相犹矣[5]”，未有不相好而相犹，能自守其基业、克开其子孙者[6]。

兄弟间偶有不相惬处，即宜明白说破，随时消释，无伤亲爱。看大舜[7]待傲象[8]，未尝无怨无怒也，只是个不藏不宿，所以为圣。今人外假怡怡[9]之名，而中怀仇隙，至有阴妒仇结而不可解，吾不知其何心也。

兄弟虽当亲殁时，宜常若亲在时。凡一切应接礼仪、门户差役，及他有急难，皆当出身力为之，不可彼此推诿。

尝谓结发糟糠，万万不宜乖弃。或不幸先亡后娶，尤宜思渠苦于昔不得享，于今厚加照抚其所生，是为正理。今或有偏爱后妻、后妾，并弃前子不爱者，岂前所生者出于人所构哉？可发一笑。

蒙养无他法，但日教之孝弟，教之谨信，教之泛爱众、亲仁。看略有余暇时，又教之学文。不疾不徐，不使一时放过，不令一念走作。保完真纯，俾无损坏，则圣功在是矣。是之谓“蒙以养正”。

古重蒙养，谓圣功在此也。后世则易骄养矣。骄养起于一念之姑息，然爱不知劳，其究为傲、为妄、为下流不肖，至内戕本根，外召祸乱。可畏哉！可畏哉！

蒙养不专在男也，女亦须从幼教之，可令归正。女人最污是失身，最恶是多言。长舌阶厉，冶容诲淫[10]，自古记之。故一教其缄默，勿妄言是非；一教其简素，勿修饰容仪。针织纺绩外，宜教烹调饮食，为他日中馈[11]主。《诗》曰："无非无仪，唯酒食是议。[12]"此九字可尽大家姆训。

凡议婚姻当，择其婿与妇之性行及家法如何，不可徒慕一时之富贵。盖婿妇性行良善，后来自有无限好处。不然，虽贵与富无益也。

《麟趾》之诗首章云"振振[13]公子"，次章云"振振公姓"，三章云"振振公族"。由子而孙而族，皆振振焉。是为一家之祯语，曰："子孙贤，族将大，凡我族人其勉之。"

人须各务一职业。第一品格是读书，第一本等是务农，外此为工为商，皆可以治生，可以定志，终身可免于祸患。唯游手放闲，便要走到非僻处所去，自罹于法罔，大是可畏。劝我后人，毋为游手，毋交游手，毋收养游手之徒。

凡居家不可无亲友之辅，然正人君子，多落落难合。而侧媚小人，常倒在人怀，易相亲狎。识见未定者，遇此辈，即倾心腹任之，略无尔我，而不知其探取者悉得也，其所诛求者无厌也。稍有不惬[14]，即将汝阴私攻发于他人矣。名节身家，丧坏不小。孰若亲正人之为有裨哉！然亲正远奸，大要在"敬"之一字。敬则正人君子谓尊己而乐与，彼小人则望望而去耳。不恶而严，舍此更无他法。

亲友有贤且远者，不可不厚加结纳，然交接贵协于礼。若从无知识者，不可妄相交结，自招卑谄之状。且与其费数金结一贵显之人，不为所礼，孰若将此以周贫急使，彼可永旦夕而怀感于无穷也。

睦族之次，即在睦邻。邻与我相比日久，最宜亲好。假令以意气相陵压，彼即一时隐忍，能无忿恨之心乎？积而久之，缓急无望其相助，且更有仇结而不解者。

吾子孙但务耕读本业，切莫服役于衙门；但就实地生理，切莫奔利于江湖。衙门有刑法，江湖有风波，可畏哉！虽然，仕宦而舞文而行险尤有甚于此者。

世称清白之家，匪苟焉而可承者，谓其行己唯事乎布素，教家克尚乎简约，而交游一崇乎道义。凡声色货利，非礼之干，稍有玷于家声者，戒勿趋之。凡孝友廉节当为之事，大有关于家声者，竞即从之。而长幼尊卑聚会时，又互相规诲，各求无忝于贤者之后，是为真清白耳。

凡势焰熏灼，有时而尽，岂如守道务本者，可常享荣盛哉？“一团茅草”之诗，三咏之，煞有深味[15]也。

凡人欲养身，先宜自息欲火。凡人欲保家，先宜自绝妄求。

精神财帛，惜得一分，自有一分受用。视人犹己，亦宜为其珍惜。切不可尽人之力，尽人之情，令其不堪。到不堪处，出尔反尔，反损己之精力矣。

有走不尽的路，有读不尽的书，有做不尽的事，总须量精力为之，不可强所不能，自疲其精力。余少壮时，多有不知循理。事多，有不知惜身事。至今一思一悔恨，汝后人当自检自养，毋效我所为，至老而又自悔也。

讼非美事，即有横逆之加，须十分忍耐，莫轻举讼。到必不可已处，然后鸣之官司，然有从旁劝释者，即听其解，已之可也。《讼卦》辞中“吉终凶不克”等语，最宜三复。然究之“作事谋始”一语，则绝讼之本也[16]。

凡有必不可已的事，即宜自身出头可以了得。躲不出头，人视为懦，受欺受诈，不可胜言矣，且事亦终不结果，多费何益。语云：“畏首畏尾，身其余几！”可省已。

积金积书，达者犹谓未必能守、能读也，况于珍玩乎！珍玩取祸，从古可为明监也，况于今世乎！庶人无罪，怀璧其罪。身衣口食之外，皆长物也，布帛菽粟之外，皆尤物也。念之。

今人酷信风水，将祖先坟茔迁移改葬，以求福泽之速效。不知富贵利达，自有天数。生者不努力进修，而专责死者之荫庇，理有是乎！甚有贪图风水，至倾其身家者，曷不反而求之天理也？可谓惑已。

看上世尝有不葬其亲节，说到孝子仁人之掩其亲，亦必有道矣，安可不觅善地以比化者？但善地是藏风敛气，可荫庇后人耳，必觅发达之地，多费心力以求谋，甚至损人利己，此最是伤天理事，切不可为。若所葬埋处，苟无水无蚁，亦可自惬矣。或听堪舆家[17]言，别迁移以求利达，是大不孝事。天未有肯佑之者，尤切戒不可，切戒不可！

吾上世初无显达者，叨仕[18]自吾始。此如大江湖中，偶然生一小洲渚耳。唯十分培植，或可永延无坏。否则，夜半一风潮，旋复江湖矣。可畏哉！可畏哉！

创业之人，皆期子孙之繁盛。然其本要，在于一“仁”字。桃、梅、杏、果之实，皆曰仁。仁，生生之意也，虫蚀其内，风透其外，能生乎哉？人心内生淫欲，外肆奸邪，即虫之蚀，风之透也。慎戒！兹为生子生孙之大计。

凡人为子孙计，皆思创立基业，然不有至大至久者在乎！舍心地而田地，舍德产而房产，已失其本矣，况惟利是图，是损阴骘[19]，欲令子孙永享，其可得乎？

作善降祥，作不善降殃，古来人试得多了，不消我复去试。祖宗积德若干年，然后生我们，叨在衣冠之列，乃或自恃才势，横作妄为，得罪名教，可惜分毫珠玉之积，一朝尽委于粪土中也。

释氏云:“要知前世因,今生受者是;要知后世因,今生作者是。”此言极佳。但彼云前世、后世，则轮回之说耳。吾思昨日以前而父而祖，皆前世也；今日之后，而子而孙皆后世也。不有祖父之积累，昔日之勤劬，焉有今日？乃今日作为不如祖父之积累，可望此身之考终，子孙之福覆乎？是所当惕省者。

余令新兴，无他善状，唯赈济一节，自谓可逭[20]前过。乃人揭我云：“百姓不粘一粒，尽入私囊。”余亦不敢辩，但书衙舍云：“勤恤在我，知不知有天知；品骘[21]由人，得不得皆自得。”今虽不敢谓天知，然亦较常自得矣。汝辈后或有出仕者，但求无愧于此心，勿因毁誉自为加损也。

一部《大学》，只说得修身；一部《中庸》，只说得修道；一部《易经》，只说得善补过。“修补”二字极好。器服坏，且思修补，况于身心乎！

《易》曰：“聪，不明也。”《诗》曰：“无哲不愚。”自恃聪哲的，便要陷在昏昧不明处所去，可惜哉！所以人贵善养其聪，自全其哲。

智术仁术不可无，权谋术数不可有。盖智术仁术，善用之，以归于正者也。权谋术数，曲用之，以归于谲者也[22]。正谲之辨远矣，动关人品，所系不小。宜慎诸！

才不宜露，势不宜恃，享不宜过。能含蓄退逊，留有余不尽，自有无限受用。

阿谀从人可羞，刚愎自用可恶，不执不阿是为中道。

寻常不可见得，能立于波流风靡之中，是为雅操。

“澹泊”二字最好。澹，恬澹也；泊，安泊也。恬澹安泊，无他妄念，此心多少快活。反是以求浓艳，趋炎势，蝇营狗苟[23]，心劳而日拙矣。孰与澹泊之能日休也。

人要方得圆得，而方圆中却又有时宜在。《易》论圆神，方知益以“易贡”二字最妙，变易以贡，是为方圆之时。稜角峭厉，非方也；和光同尘，非圆也；而固执不通，非易也。要认得明。

圣贤教人一生谨慎，在“非礼勿视”四句；教人一生保养，在“戒之在色”三句；教人一生安闲，在“君子素其位而行”一章；教人一生受用，在“居天下之广居”一节。

盘根错节，可以验我之才；波流风靡，可以验我之据；艰难险阻，可以验我之思；震撼折冲，可以验我之力；含垢忍辱，可以验我之量。

学者，心之白日也。不知好学，即好仁、好知、好信、好直、好勇、好刚，亦皆有敝也，况于他好乎！做到老，学到老，此心自光明正大过人远矣。然做到老，学不了，此尤不可不加之虑也。

事到面前，须先论个是非，随论个利害。知是非，则不屑妄为；知利害，则不敢妄为。行无不得矣。窃怪不审此而自蹈于危亡者。

决不可存苟且心，决不可做偷薄[24]事，决不可效轻狂态，决不可做惫懒人。

当至忙促时，要越加检点；当至急迫时，要越加饬守；当至快意时，要越加谨慎。

注释

[1] 无忝尔所生：不辜负、不愧对父母所生。无忝：不玷辱，不羞愧。《汉书·韦玄成传》："于戏后人，惟肃惟栗。无忝显祖，以蕃汉室。"

[2] 没（mò）：死亡。

[3] 贻（yí）：遗留，留下。

[4]《斯干》之诗，说到鸟革翚飞、弄璋弄瓦，盛矣：《诗经·斯干》中说到，贵族修建的宫室，房顶像鸟儿高飞，屋檐像野鸭展翅，生下儿子就给他玩璋玉，生下女儿就让她玩纺锤。这种景象真是兴盛啊！

[5] 兄及弟矣，式相好矣，无相犹矣：兄弟之间要相敬和睦，不要互相欺骗。

[6] 克开其子孙者：培养出贤良的子孙。

[7] 舜：中国传说中的人物，五帝之一，名重华，为传说中的父系氏族社会后期部落联盟首领，后成为有虞氏首领。

[8] 象：舜的继母生的同父异母兄弟，为人傲慢无礼，多次和母亲、舜的父亲加害舜。

[9] 怡怡：和悦的样子。

[10] 长舌阶厉，冶客诲淫：长舌招致灾祸，仪容妖冶导致淫乱。

[11] 中馈：指妇女在家里主管的饮食等事。

[12]《诗》曰："无非无仪，唯酒食是议。"：《诗经·小雅·斯干》说："不要抗命不尊，不要自作主张，只想着张罗酒浆和饭食。"

[13] 振振：诚实仁厚貌。

[14] 不惬：不乐意，不称心。

[15]"一团茅草"之诗，三咏之，煞有深味：哪怕是一篇描写茅草的诗，反复吟咏起来也是很有深味的。

[16] 然究之“作事谋始”一语，则绝讼之本也：意为，然后“推敲做事情从一开始就应谋划好”这句话，才知道那是杜绝争讼的根本办法啊。

[17] 堪舆家：相地看风水的先生，俗称“风水先生”。

[18] 叨仕：做官，得到官职。叨：谦辞。得到，受。

[19] 阴骘：阴德。

[20] 可逭（huàn）：可以抵偿。

[21] 品骘：评定，论定高低。

[22] 权谋术数，曲用之，以归于谲者也：权谋机巧如果运用不当就会归为奸邪狡诈之流。

[23] 蝇营狗苟：比喻为了追逐名利，不择手段，像苍蝇一样飞来飞去，像狗一样不识羞耻。

[24] 偷薄：浇薄，不敦厚。